プレゼン力を劇的に高めるイラストの描き方

讓報告能力躍進的簡筆畫練習

山田雅夫——著　甘為治——譯

序 「為什麼要畫圖」

首先，請閱讀以下這段文字。這段文字是在說明某個日常生活中常見的物品。

「這個物品的主要部分基本上會做得比較薄，但如果做得太薄又會不好用，因此要有適當的厚度。重量則要適中，讓女性也能用得順手。

長長的刀刃是以鋒利的金屬製成。雖然形狀看起來像直線，但實際上是精巧的曲線造型，刀刃最前端也稍微帶一點圓弧。將各種不同的曲線排列組合在一起的設計，不僅將這個物品原本的功能發揮到了極致，也表現出對使用者的體貼。

這個物品有讓拇指與食指穿過的孔洞。為避免造成使用者的手指不適，孔洞部分使用了壓克力材質，並做成圓弧狀。

此外，這個物品還特地設計了壓克力的透明凸起部分，碰在一起時會發出喀嚓聲，藉此將實際使用時的手感傳達給使用者。」

……讀了這段文字以後，你心裡是否有捕捉到這個物品的具體形象？

接下來，請看下一頁。

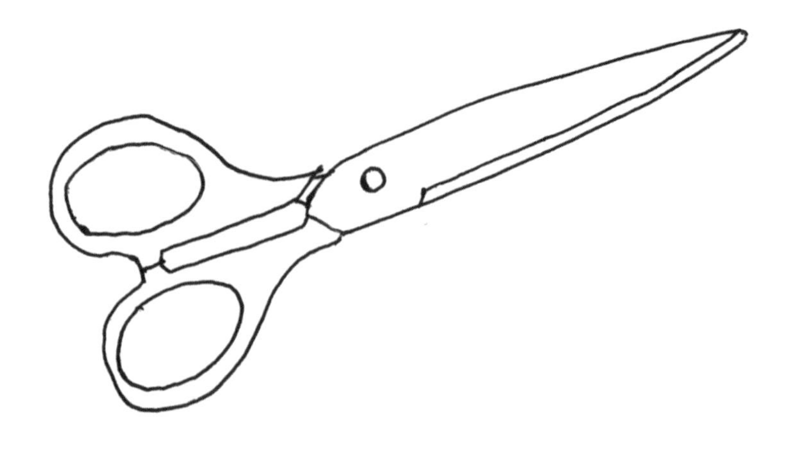

這個在前一頁使用了大量文字說明的物品就是「剪刀」。

但我只用了大約30秒畫出上面的圖。

使用文字必須花上好幾百個字說明的東西，只需要一張圖就能傳達，這正是所謂的一目了然。有一種說法認為，圖畫的資訊傳達能力將近是文字的10倍之多。

以上是用「剪刀」來舉例，如果把剪刀換成與你工作相關的某項產品，又會如何呢？

在和客戶談生意時，要是能馬上將客戶想要的形象具體畫出來的話……

比起用嘴巴東扯西扯一大堆，相信動手用畫的更能在談生意時談出結果。

圖畫絕對能成為你工作上強而有力的武器。

我在東京大學念的是都市工學及建築學，畢業後曾以一級建築師及技師的身分參與大規模計畫，製作了橫濱港未來地區整體的都市設計圖原案，並有5年的時間專門負責筑波科學萬博會場整體主要計畫的設計。此外，我也長年參與首都圈主要的灣區都市規劃。

在這些實務工作的第一線，我曾數度藉著本書中介紹的畫圖技巧解決生意上遭遇的阻礙及問題，或激發出讓局面起死回生的構想。我認為，正是因為自己**具備畫圖的能力，所以才有機會參與眾多大型計畫。**

舉例來說，有一次在進行某個計畫時，已經接近交稿期限了，案主卻突然招集工作人員，要求變更設計。我在那當下匆匆畫出來的好幾張「圖」成功整理、歸納了眾人分歧不一的意見。由此可知，圖畫具有將龐雜紛亂的意見精簡為單一共識的力量。

我同時也擔任企業顧問已久，與汽車大廠、建設公司、不動產公司、廣告代理商等不同業界的高層都曾進行深入的交流。另外，我也籌劃了許多以穩定成長企業的管理階層為對象的企業研修。

幾乎每一位一流企業的高層，都將「時間就是金錢」奉為信條，對於浪費時間在聽取員工進行冗長的說明上厭惡不已。這些成功人士一致表示，希望懂得用「圖畫」瞬間說明事情、能夠簡單明快進行簡報的員工愈多愈好。這讓我實際體認到，職場上亟需本書所介紹的這種「用圖說話」的能力。

我的另一個身分是「速寫素描」的提倡者，現在仍以該領域的第一人之姿，於日本各地著名的文化中心執教。講解這種繪畫技巧的著作累積銷售也已超過100萬本，而且有超過30部作品翻成了外語。可以說在教導初學者畫圖技巧這方面，我原本就是專家。本書將從我鑽研多年的「速寫」手法教起，詳細解說如何迅速、簡單、精準地畫圖。

如果你很羨慕會畫畫的人，但覺得自己沒有繪畫天分、欠缺美感、自己不可能有辦法畫圖的話，千萬別放棄！

這本書就是為了你這樣的人而寫的。

只要看了這本書，一定能學會畫圖。

歡迎和我一起學習箇中方法。

也請你工作的時候不要害怕，試著放手大膽去畫。

相信這樣做一定能帶來新商機，並成為你職涯中的一大助力。

山田雅夫

Contents

序章

「畫圖」是工作上的利器

這一章將用具體的案例來說明，如果能學會「用簡單幾筆畫出一張圖」的技巧，在工作上會帶來多大的幫助。

不論是和客戶開會，或在公司內部的會議上，「畫圖」在各種不同場合都能成為你的利器。

序章

畫圖在工作上發揮影響力的具體案例

A先生（餐具製造商的業務）的案例

這是**A先生**前往客戶的店面跑業務時發生的事。

A先生：「我這次帶來的新產品，容量比過去的葡萄酒杯大得多，而且香氣的擴散效果也明顯變好了。」

客戶：「長什麼樣子？」

A先生：「杯口比過去的葡萄酒杯寬，杯身到杯底是柔和的曲線，呈現出寬度，而且具有穩定感……」

雖然很努力地說明，但客戶卻有聽沒有懂，這次推銷眼看就要失敗了……

於是A先生迅速在紙上畫出形狀，說明：「長得像這樣。」馬上就讓客戶明白了。

客戶：「好像不錯耶，下次記得帶來喔！」

A先生畫的圖一點也不複雜（左圖），而且圖案完全是平面的，沒有立體感，僅以最精簡的方式傳達他想說明的訊息。

但工作上所需要的，正是這樣的「圖」。反過來說，只要畫得出這種程度的圖就很夠用了。本書的第一個目標，就是幫助你學會畫這樣的圖。參考▶p.68

B先生（製造業工廠的生產團隊主管）的案例

B先生負責管理工廠的整條產線。某天，他與同事開會討論如何改善作業效率，結果大家紛紛提出意見。

「現在的產線在作業時，有時候會感覺跟隔壁的人有點離太遠」、「某些人的位置上多放一個架子會比較方便」、「這樣架子反而會太多」等等，眾人七嘴八舌，沒有一個方向。

於是，B先生在白板上簡單畫出了目前的產線人員配置圖（下圖）。如此一來，大家便能根據這張圖充實自己的想法。

每個人提出的意見也因此變得更為具體，像是「沒錯，這個人和這個人要隔開一點」、「可以試試看多放一個架子」。這使得與會者得以分享彼此的意見，並做出統整。不用說，這當然有助於提升作業效率。

B先生畫的人員配置圖是從正上方視角看下來，圖畫本身只運用了直線與圓形，一點也不難。只要跟著本書練習，你也能畫出像這樣的圖。參考▶p.78

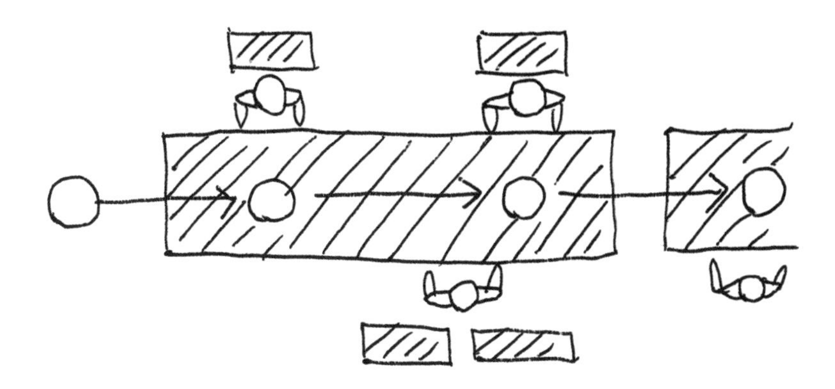

C先生（包裝設計公司的業務）的案例

有一間食品公司找**C先生**討論甜點的包裝。

C先生：「請問是貴公司的哪些商品希望以怎樣的方式包裝呢？」

客戶：「我們公司的商品種類很豐富，甜點的形狀有方形的、圓形的，也有細長形的，全都不太一樣……嗯，怎樣會比較好呢？」

C先生：「我明白了。如果只是先單純舉例，像這樣子的話如何？」

接著**很快地簡單畫出裝了3種不同形狀甜點的包裝示意圖（下圖）。雖然只是粗略地畫一下，但已經足以分享雙方初步的想法。**

後來雙方以此為出發點，交換了許多意見，最終決定設計造型更複雜的包裝進行打樣。最重要的一點，是在一開始就正確分享彼此的認知，後續只要交給真正的設計師接手就行了。

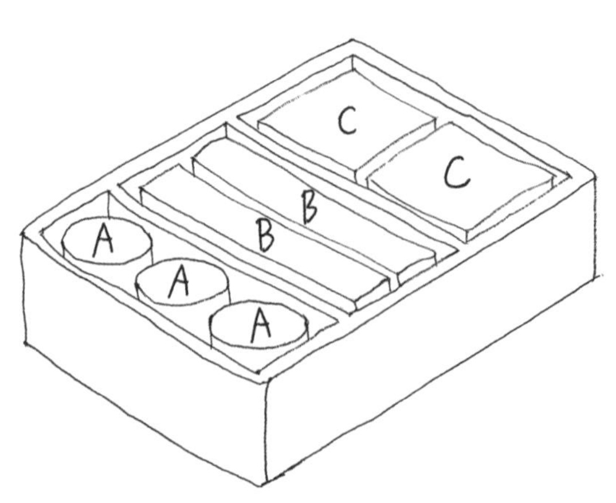

有別於**A**先生的圖（p.12），**C**先生畫的圖帶有立體感，而且比較複雜。如果不只是平面，連立體的圖也會畫，你畫出來的東西將增加許多派上用場的機會。只要跟著本書練習，你也能畫出這種立體的圖。參考▶p.128

D先生（展示架製造商的業務）的案例

D先生（展示架製造商的業務）有一次與客戶就新設置的專用展示架開會進行討論。

D先生：「貴公司這次希望展示架整體大概與人同高，分為上下4層對嗎？」

客戶：「沒錯。希望你們能設計成方便顧客看到所有商品，而且可以輕鬆從架上拿下來。」

D先生：「要不要稍微調整一下這4層架子的角度呢？像是這樣……」

D先生很清楚，用畫的比用嘴巴說明能更快讓客戶了解。他很用心地把人畫出來，並在圖中表現了人與展示架之間所呈現的感覺（下圖）。這樣也更容易讓客戶明白架子的角度帶來的差異。

雖然**D**先生畫的圖並不高明，但人的「身高」及「頭與身體的比例」表現得很自然。因此，客戶可以很清楚地知道人與商品尺寸的對比。能正確畫出人，便能正確掌握人與物之間的相對關係，這在工作上就會是派得上用場的圖。只要跟著本書練習，你也能像這樣畫出正確的「人」。參考▶p.152

E先生（不動產公司的業務）的案例

E先生有一個客戶是地產開發商，這是某次他與客戶就新大樓建案的入口外觀交換彼此意見時發生的事。

首先，他簡略畫出了**初步方案（右方上圖）**，圖中的建築物可以感覺得出縱深。客戶看過之後，便根據這份初步方案提出了更具體的要求。

像是「入口部分希望感覺更穩重、有分量一點」、「希望做出屋簷」、「想要有些綠意，希望加上植栽」等等。

E先生必須用好懂的方式將這些要求傳達給設計施工公司。由於這些敘述都只是概念性的東西，因此得要有一個草案簡單明快地表達出客戶的要求。細節部分只要請設計施工公司的專業設計師設計就行，所以草案只有提大方向也無妨。

於是**E先生**又畫了一份**改善方案（右方下圖）**。

E先生：「我大概像這樣跟設計施工公司說可以嗎？」

客戶：「嗯，就先這樣試試看。」

因為有**E**先生畫的圖，後續的設計、施工也變得更快、更有效率。

右邊2張**E**先生畫的圖雖然很簡單，卻能讓人感覺到畫面的深度。不常畫圖的人可能會覺得這種圖很難畫，不過只要遵循「視線」與「集中點」等簡單的原則練習，任何人都能學會。跟著本書傳授的方法練習後，你也可以試著畫畫看。參考▶p. 150

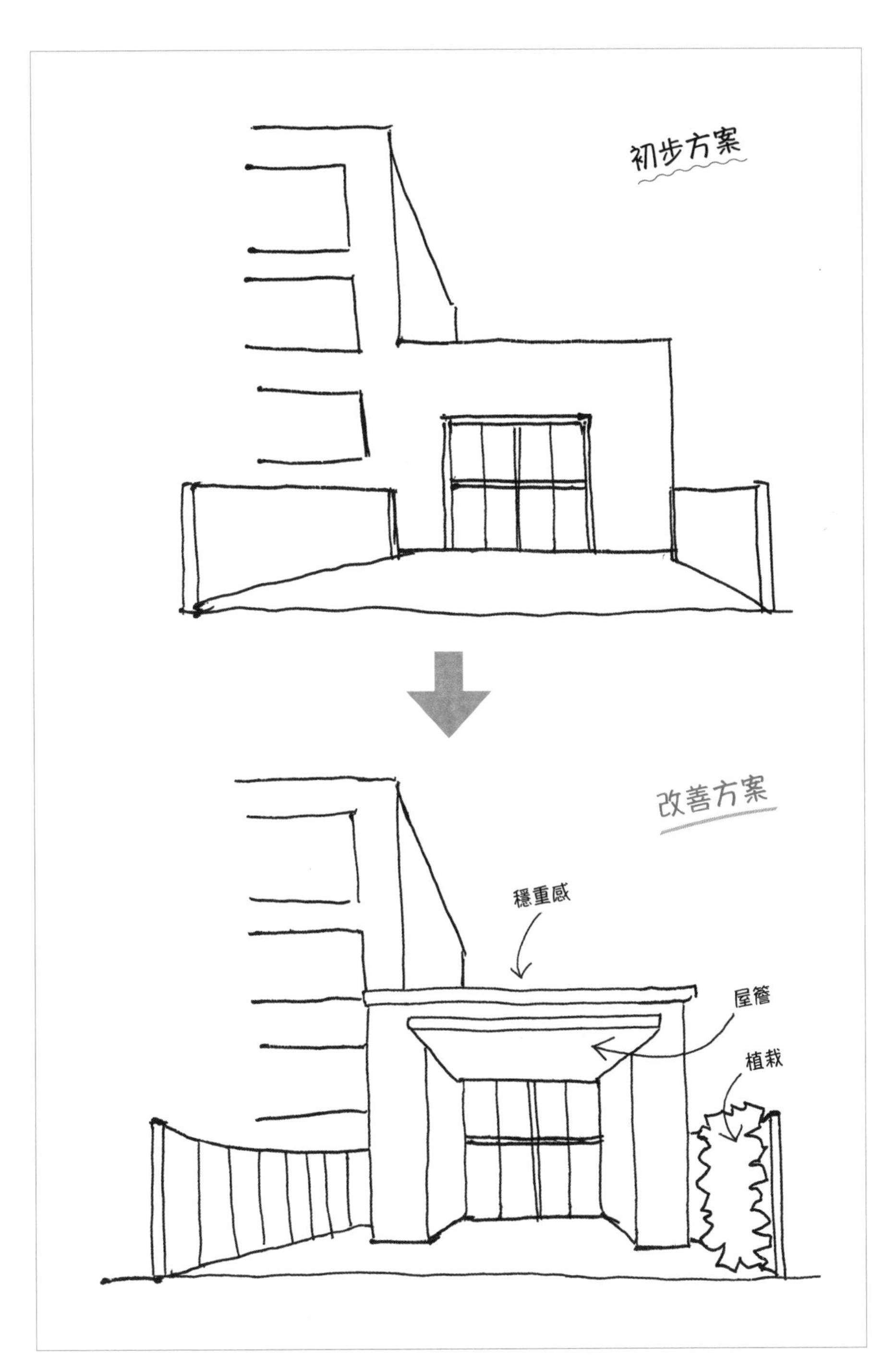
初步方案
改善方案
穩重感
屋簷
植栽

以上透過了各式各樣的案例，介紹「畫圖」在工作上發揮的功用。

想讓工作順利進行，最重要的就是做到「迅速」而且「準確」地「分享彼此的情報」、「分享彼此的認知」。

能在一瞬間傳達大量資訊，而且可以將希望讓對方知道的重要資訊準確表達出來的「圖」，絕對是最佳方法。

本書中提到的「圖」、「畫」，和一般繪畫的那種「畫」不同，目的僅在於傳達最低限度的必要資訊，內容也更為單純，在工作上有需要的時候，可以用最少的時間三兩下畫出來。

愈是覺得自己沒有繪畫天分、不會畫畫的人，我愈希望你來嘗試看看。本書所介紹的「圖」不需要「天分」，也不需要「美感」，唯一需要的就是簡單的「原則」。只要遵照這些原則練習，任何人都能學會。

下一章開始，就會一步步說明如何正式進行練習。

Part 1

怎樣叫做
對工作有幫助的「圖」

這一章會具體說明，要符合哪些條件才叫做對工作有幫助的「圖」。

重點在於「不要花太多時間，迅速畫好」。不用畫得好看，或是畫得很仔細、很用心，只要能讓對方看懂你想表達的東西及意圖就行。

相信這對於自認為不擅長畫畫的人而言，也是能輕鬆跨越的門檻。

Part 1
01

1分鐘就能畫出來的圖

首先來談，所謂對工作有幫助的圖，有哪些具體條件。

對工作有幫助的「圖」，和我們一般印象中的「繪畫」不同，**並非花時間精雕細琢而成的藝術作品，而是為了準確傳達自己的想法，用1分鐘左右的時間，很快就能畫好的圖。**就我個人的經驗而言，開會、討論時如果花了超過1分鐘畫圖，對方的注意力就會轉移到其他地方去。

舉例來說，下面兩張圖畫的都是盒子。✕連不需要特地呈現出來的陰影都仔細地畫了上去，得花許多時間來畫。

相反地，◯則是在工作上有幫助的圖，只用了最簡單的線條來表現，大概幾十秒～1分鐘就能畫完。本書的目標，就是幫助你學會畫這樣的圖。

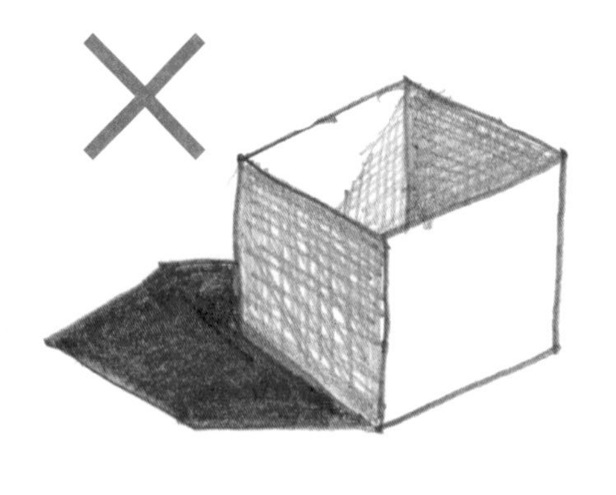

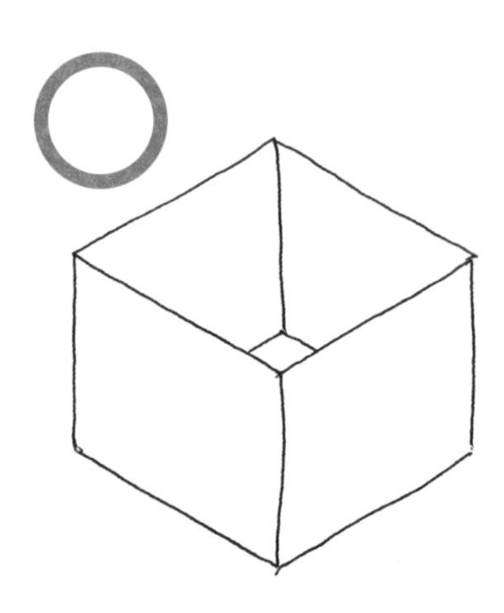

畫得不漂亮也沒關係！

能對工作幫上忙的圖，**不需要畫得漂亮、好看，**就算技巧不佳也沒關係，只要大概畫出你想畫的東西就夠了。**重點在於能將必要的資訊傳達給對方，即使看起來畫得很拙劣也不成問題。**對工作有幫助的圖最優先的條件是「準確傳達重點」、「不花時間」。

下面兩張圖畫的都是放大鏡。✕用心畫出了立體感，形狀也畫得很正確。如果花時間慢慢畫，自然能畫得好看，讓人覺得技巧出色。但在實際工作時並不需要畫得這麼好看。

至於○並沒有畫出陰影，也缺乏立體感，形狀還畫得不太好。但是，「握柄部分設計得好拿好握」等想要表現的重點，都清楚傳達給了觀看者。能做到這一點的話，其餘的都不用擔心。

Part 1

03 不需要畫出所有細節！

不習慣畫圖的人遇上了要畫圖的時候，往往會不知不覺畫得太仔細。這種人愈是著重在描繪細節，就愈容易讓自己走進死胡同。

本書所教導的練習，主要是為了讓你在開會、討論等場合，能一邊與對方交談，一邊在對方面前畫出圖來。

由於可以透過口頭補充細節，因此不需要在圖中詳細畫出所有資訊。換句話說，多餘的部分大可放心省略掉。

下面兩張圖畫的都是玻璃瓶。✕將細節都畫了出來，雖然能讓人感覺到畫得很用心，但開會討論時完全不需要這種圖。

而○則省略了多餘的資訊，因此更容易將訊息傳達給對方。本書的目標，就是教你學會畫這樣的圖。

在白板上
簡單幾筆畫出來的圖

大家在工作上與人開會、討論時，應該常用到白板。本書的另一個目標，就是教會你在白板上隨心所欲地畫圖。

下面有兩張咖啡杯的圖。✕透過不同程度的顏色深淺表現出了立體感。這種手法在白板上是用不出來的。

至於○則只有用到「線」來畫。只用線條表現立體感其實需要相當高級的技術，但只要跟著本書練習，任何人都能畫出來。**如果知道如何只用線條表現出立體感的話，在白板上畫任何東西都難不倒你。**

學會了如何在白板上畫圖後，你就能用一支原子筆在一般紙張或筆記本上畫出各式各樣的圖。而且，在iPad之類的平板上同樣能隨心所欲地畫圖。下一章開始，將會帶你進行具體的練習。

Column

動手畫圖效果更勝照片

練習畫圖的過程中，或許會有人覺得：「如果是工作上要用的，與其畫出醜不拉嘰的圖，還不如準備照片。」

的確，如果是要用在企畫書之類的文件上，照片通常會比圖畫有效果。

但也不能否認，在某些情況下則是相反。

舉例來說，假設你在開會時要將商品或其他任何東西的具體形象展示給與會者看。這時候，如果你給對方看的是「照片」，不論是好是壞，都會令對方產生先入為主的想法。尤其是商品開發的初期階段等狀況，可能會需要一些能自由討論的空間。

此時，一張表達出初步構想的「圖」會比照片來得更好用。圖和照片不一樣，容易當作討論的基礎，發展出更豐富的想法。

圖畫還有另一項重要的優點，就是有選擇省略或強調某些元素的自由，因此可以只挑某些你希望向對方傳達的重點來畫，這一招在做簡報或開會時非常好用。

本書的目的就是幫助你在運用照片之外，還能多具備一項「自己畫圖」的能力，進而在工作上創造更多機會。

Part 2

學會隨心所欲
描繪線條

這一章的主題是學習畫圖的第一步——如何正確畫出線條。

即使要畫看起來形狀複雜的商品，只要將最基本的直線、橫線畫好，就能維持一定的水準。最重要的是，強而有力、充滿自信的線條會給人堂堂正正的印象，大幅提升說服力。

首先要做的，是從單純的直線開始，練習如何畫出筆直的線條。乍看之下似乎很簡單，但其實難度不低，請循序漸進一步步練習。

Part 2
01

該使用哪種筆

本書的目標是讓你能在工作時三兩下就畫好圖，因此畫圖使用的筆是以最容易取得的「原子筆」為前提。

市面上的原子筆種類五花八門，從便利商店賣的筆，到昂貴的高級筆都有。不過既然是要練習如何畫圖，畫了之後可以擦掉的「魔擦筆」自然最為方便（A）。逐漸上手之後，也可以選擇標榜「滑順書寫感」的原子筆（B）。這兩種筆在文具店都能用便宜的價格買到。

A 魔擦筆
「FRIXION BALL」
（百樂）

B 標榜「滑順書寫感」的原子筆
「JETSTREAM」
（三菱鉛筆）

握筆方式

正確的握筆方式是畫好圖的重要關鍵，錯誤的施力方式會使你無法隨心所欲畫出線條。握筆的時候不需要用力，放輕鬆就好。

不過話說回來，對於平時沒有在這樣做的人而言，這並不是一件容易的事。因此我建議嘗試以下方式來改善。在繪畫教室之類的場合，面對第一次拿起畫筆的人，我都會推薦這個方法：

自然地握起筆，以橫書的方式流暢地寫下自己的名字（A）。不需要寫得很漂亮，但要記得盡可能用心去寫。然後，遵循相同方法，以直書寫下自己的名字（B）。

依照以上要訣寫名字時的握筆方式，就是你最佳的握筆方式。請記得用這樣的握筆方式及力道來畫圖。

A

山田雅夫

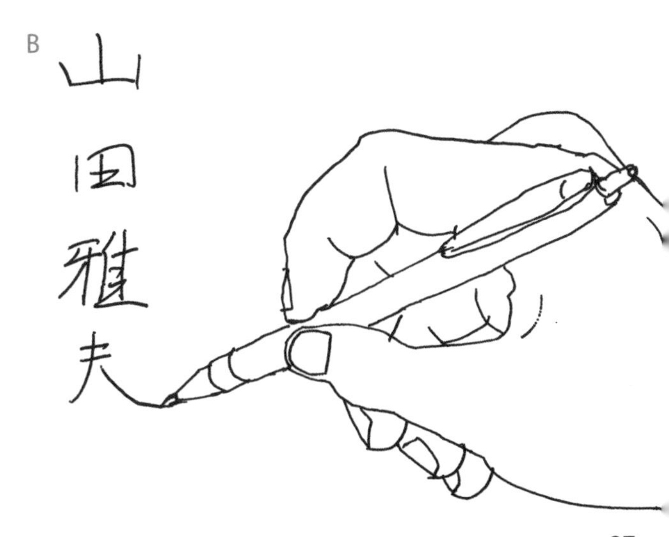

Part 2

03

畫水平線

第一項練習，就從筆直地畫出水平線開始。請不要有「這種簡單的事，每個人都會」的想法。對不習慣畫圖的人而言，要不用尺就畫出筆直的線條，是一件很難的事。

第一個目標是畫出3條筆直的水平線，3條線的間隔相等而且平行。建議慣用右手的人一開始先練習從左往右畫，慣用左手的人則從右往左畫。

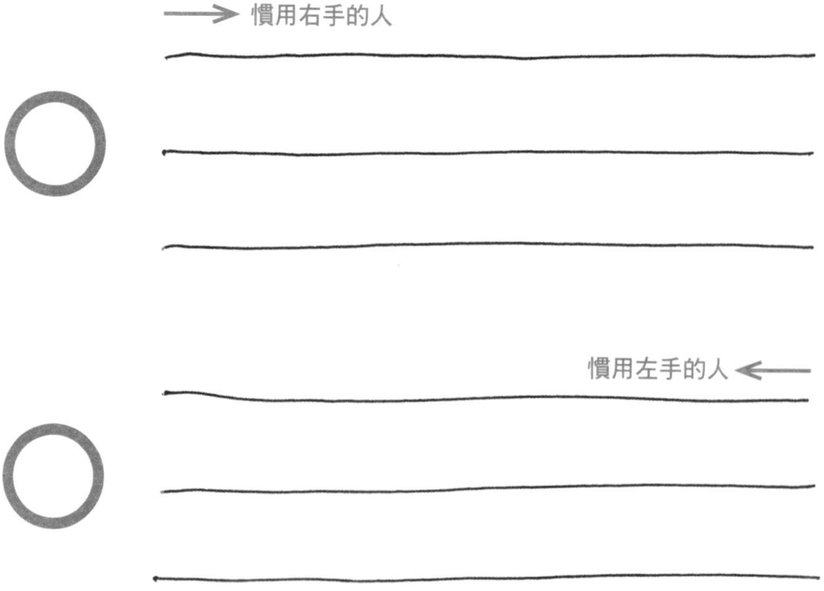

→ 慣用右手的人

慣用左手的人 ←

剛開始練習時，慢慢畫也無妨。習慣之後，就試著一點一點地加快速度。如果沒問題了，則可以挑戰看看從相反方向來畫。

以下是3種錯誤的範例。這些都是剛開始練習的人常發生的問題，發現之後請立刻改過來。

錯誤範例①是沒有一口氣畫完一條線，而是用好幾條短線連成一條直線。

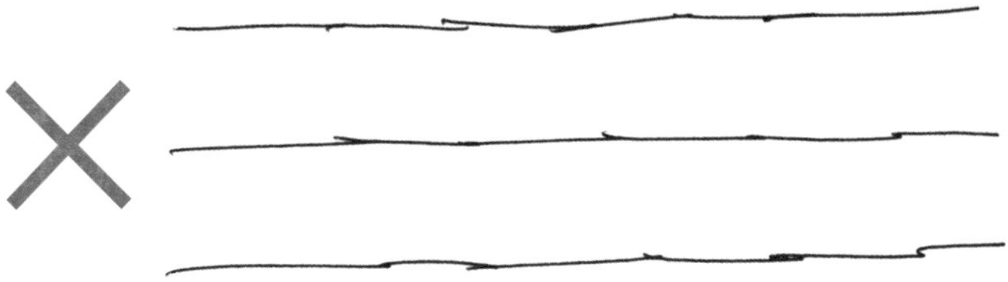

錯誤範例②是3條線彼此沒有平行，畫得不整齊。

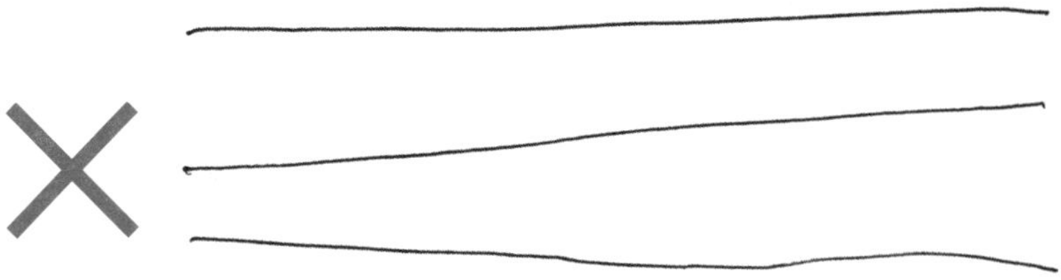

錯誤範例③則是將3條線都畫成斜的了。

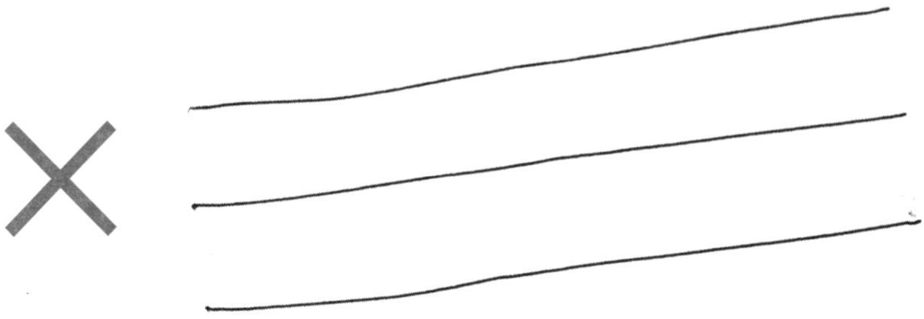

以上都是不習慣畫圖的人容易犯的錯誤，但只要稍加練習，很快就能學會正確的畫圖方式。

Part 2

04

畫垂直線

學會畫水平線之後，接著要來畫垂直線，這會比畫水平線的難度稍微高一點。目標同樣是畫出三條線間隔相等，而且平行的直線。

線與線沒有平行的錯誤範例。

畫成了斜線的錯誤範例。

畫交叉的線條

接下來要畫的是交叉的水平線與垂直線。能正確畫出來的話，就代表你具備了畫各種圖案、圖形的基礎能力了。

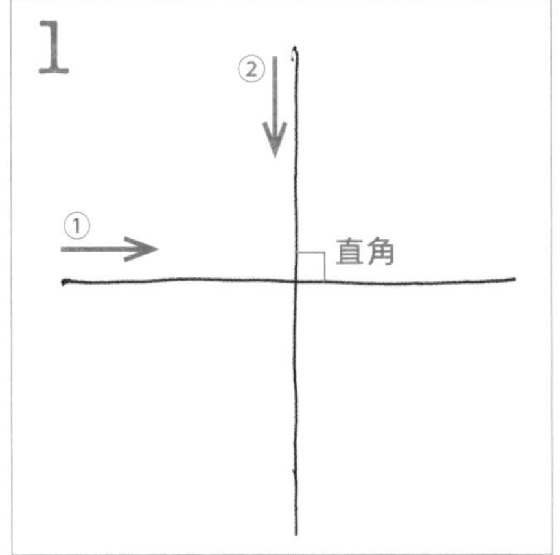

試著畫出直角交叉的水平線①與垂直線②。

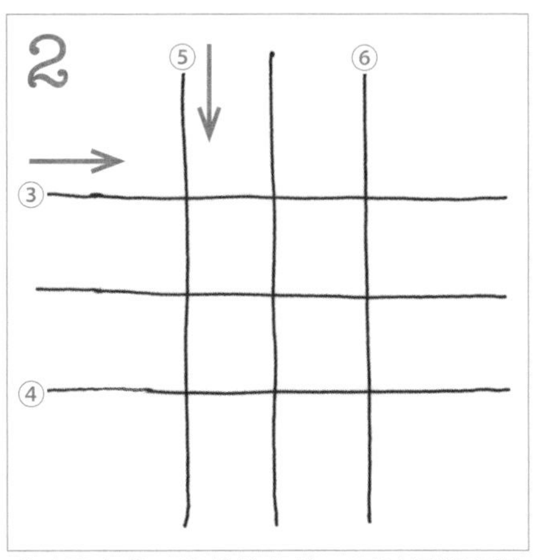

成功畫出①、②的線條後，再以相等間隔加上③、④、⑤、⑥等線條。

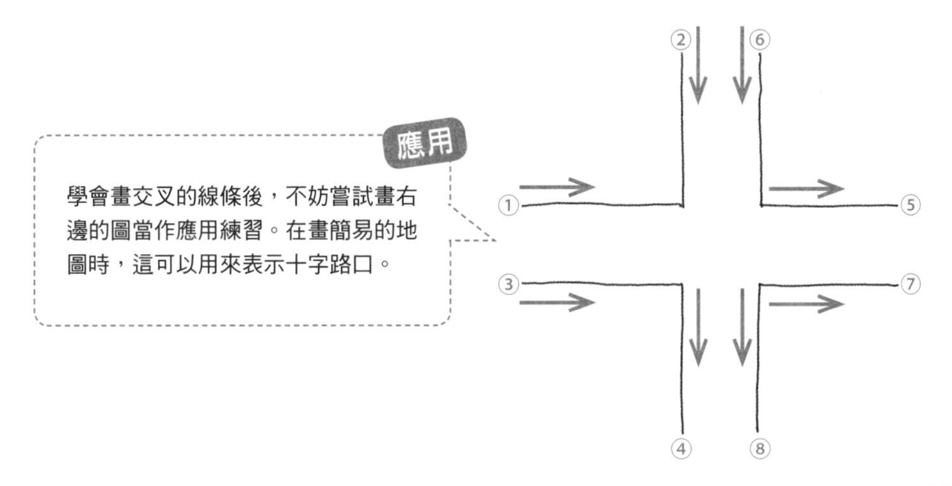

應用

學會畫交叉的線條後，不妨嘗試畫右邊的圖當作應用練習。在畫簡易的地圖時，這可以用來表示十字路口。

Part 2
06

畫出多條平行的水平線

再來要練習畫許多條平行的水平線。一開始可能無法畫出平行的線條，但相信經過多次嘗試後，你就會逐漸抓到運筆的感覺。

1

如果沒有問題了，可以進一步挑戰畫出下圖的線條。先畫一條水平線，然後接著畫一條斜線，斜線畫完再接著畫水平線，如此反覆下去，畫出鋸齒狀的線條。

2

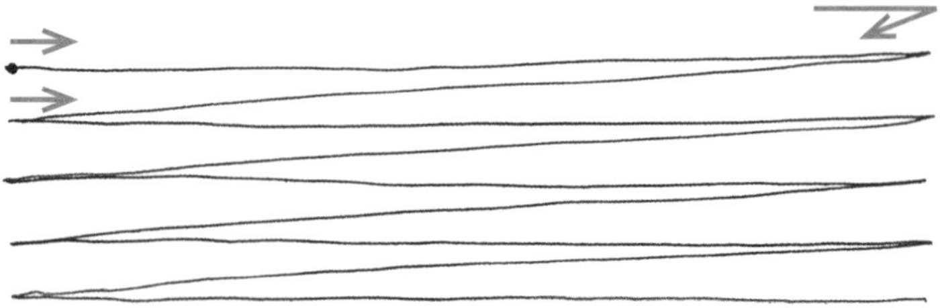

應用

習慣畫水平線之後，建議接下來練習畫多條平行的垂直線。

畫纏繞狀的線條

這裡要請你試著畫出纏繞狀的線條。這對於接下來的許多練習課題而言，是非常好的熱身準備。

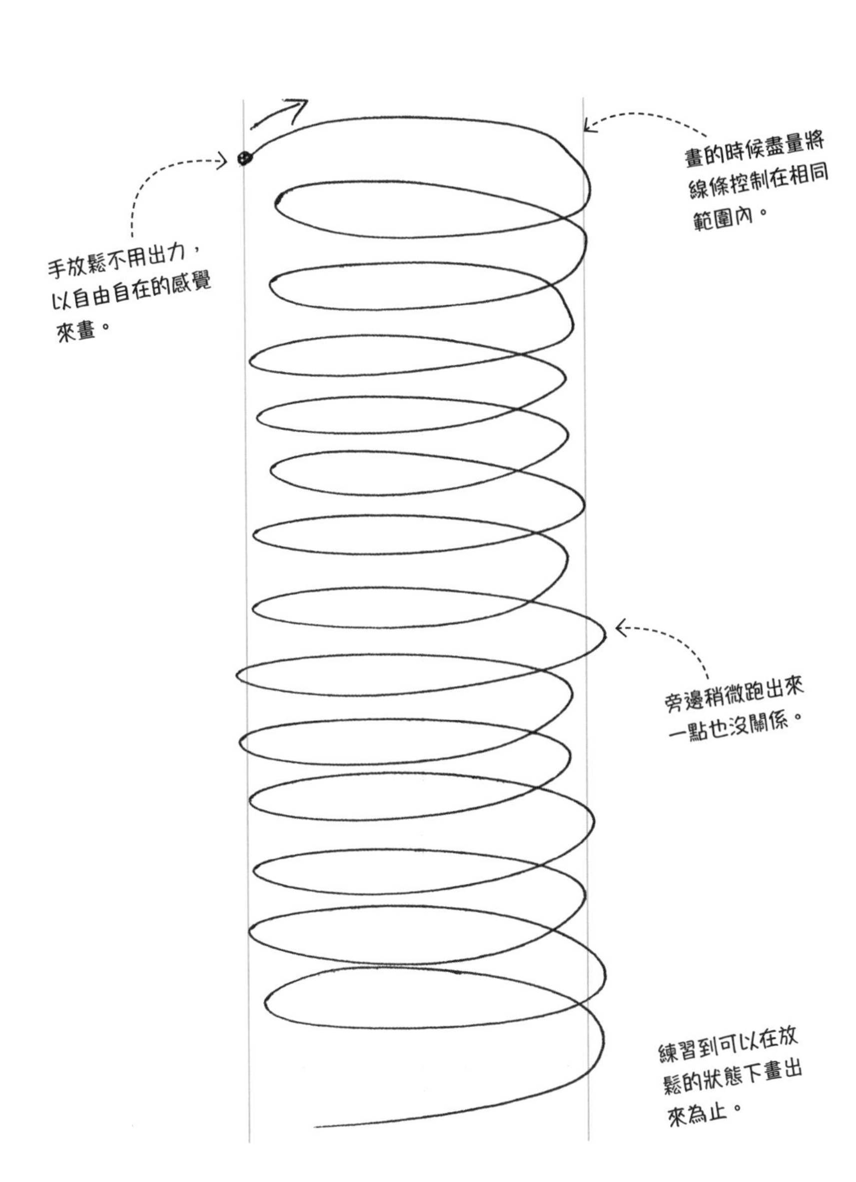

Part 2
08

畫45度斜線

成功畫出水平線、垂直線後，就來練習畫45度的斜線。慣用右手的人畫斜線時，會覺得左下往右上的斜線相對好畫，左上往右下的斜線比較難畫（慣用左手的人則相反）。請多加練習，讓自己兩種斜線都畫得出來。

1

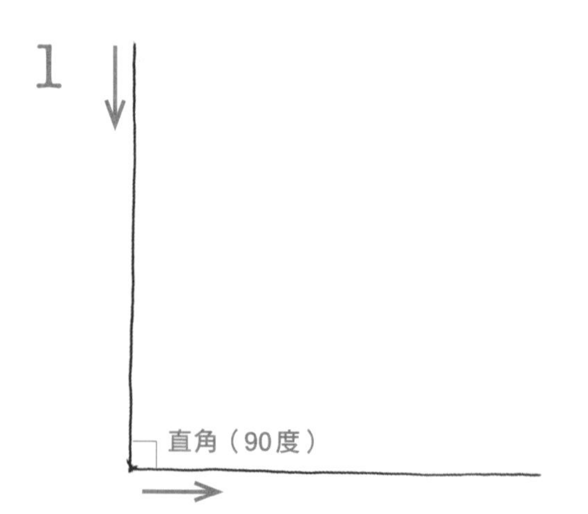

試著畫出左下往右上的斜線（45度）。先依p.31教導的要訣畫出兩條交叉的線。

2

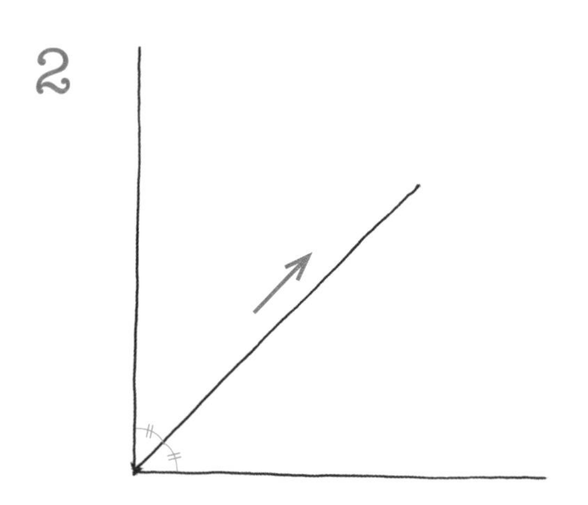

用目視判斷也無妨，畫一條能剛好將直角（90度）分為兩等分的斜線，這就是45度的斜線。

小提醒

雖說是「45度」，但並不需要動用量角器畫得分毫不差，只要看起來是就行了。

3

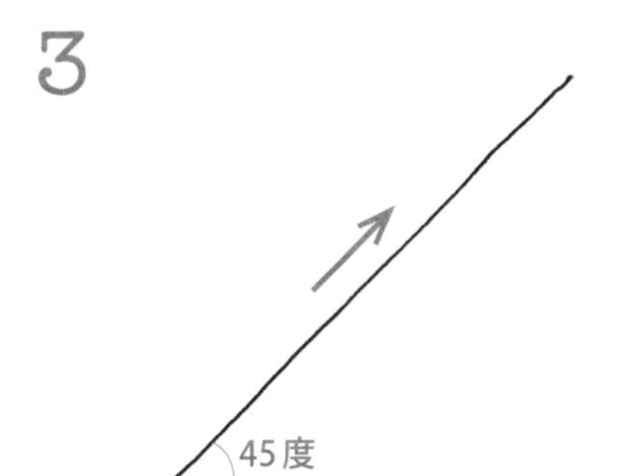

多練習幾次，習慣之後可以試著不先畫交叉線，直接畫出斜線（45度）。

4

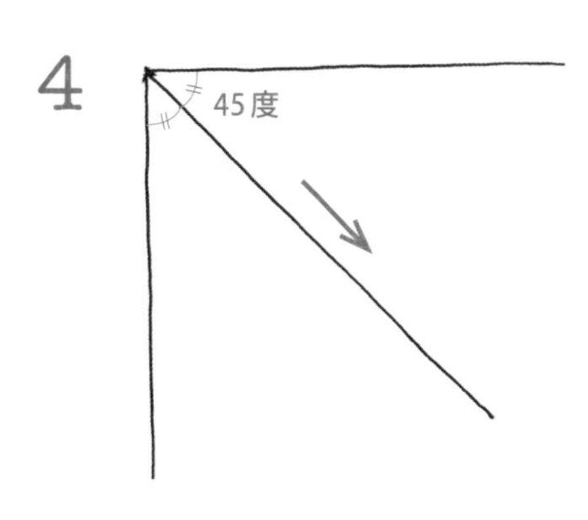

成功畫出左下往右上的斜線後，再來挑戰左上往右下的斜線。方式與1～2相同，上手之後再比照3，嘗試在沒有交叉線的輔助下直接畫出來。

5

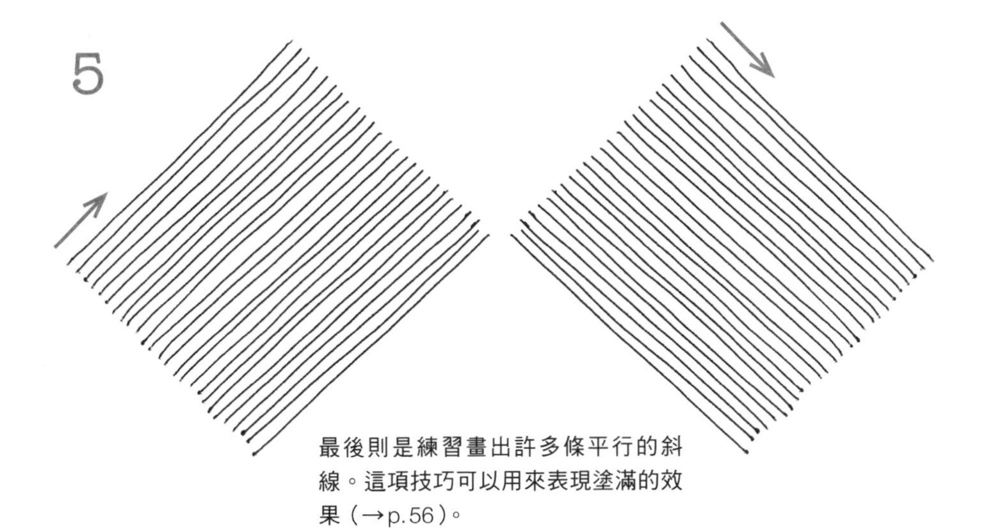

最後則是練習畫出許多條平行的斜線。這項技巧可以用來表現塗滿的效果（→p.56）。

Part 2
總結

練習畫箭頭

你是否已經練好畫圖的基本功——「畫出工整的線條」了呢？下一章將以線條為基礎，一步步帶你進行各種畫圖的練習。這個單元則要先介紹各種箭頭的畫法，當作Part 2的總結。相信學會了畫箭頭以後，在工作上應該能幫你不少忙。

箭頭的畫法

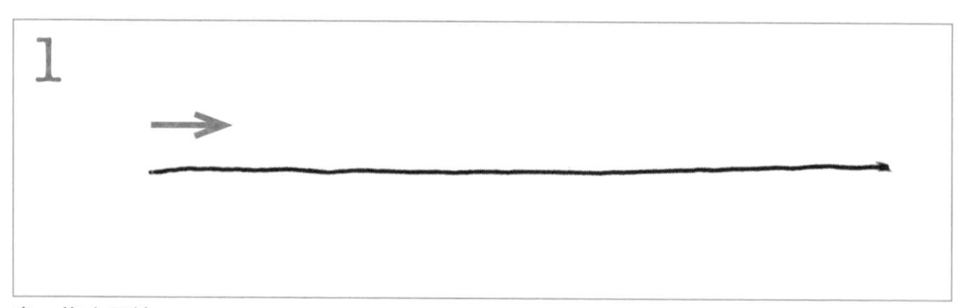

畫一條水平線。

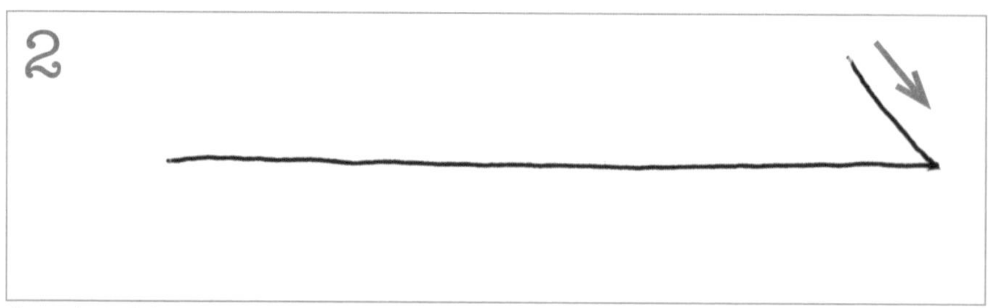

畫45度的斜線。

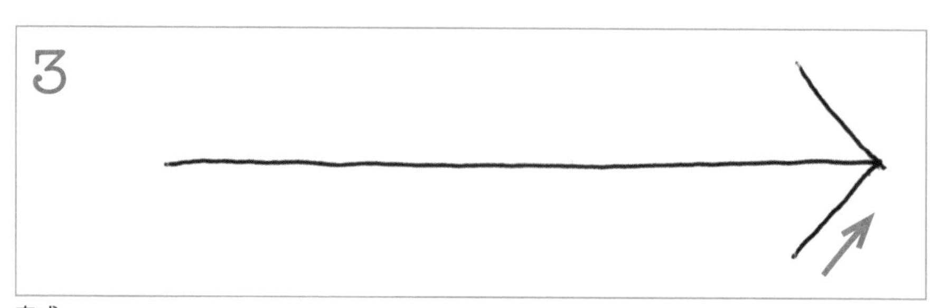

完成。

各式各樣的箭頭

學會畫箭頭後，可以再嘗試畫出各種不同類型的箭頭。

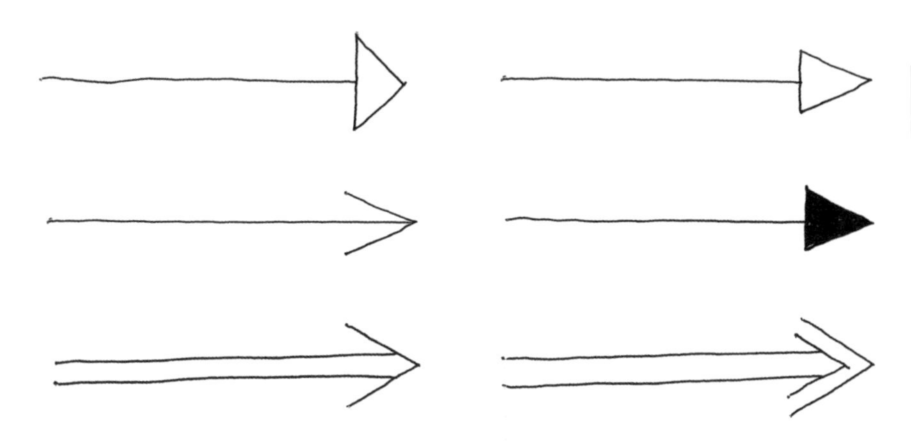

將箭頭用在圖中

接著來練習運用箭頭畫出簡單的圖，這樣的「圖」在工作上經常用得到。如果畫出來的圖美觀、易懂，相信能在對方心裡留下好印象。

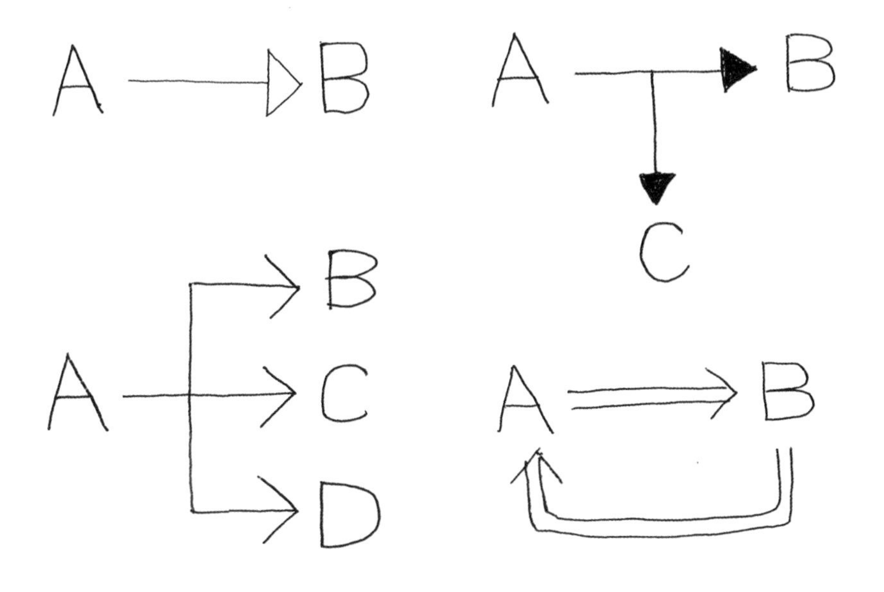

Column

在還不熟悉畫圖的階段，可以使用方格紙

工作上遇到要畫圖說明的時候，幾乎都是利用資料的空白處或紙張背面匆匆幾筆畫出來。這些空白處或紙張背面自然不會有能夠幫助作畫的格線，因此對於完全沒在畫圖的人而言，是相當難的一件事。

在進行本書提到的各種練習時，如果你還不熟悉畫圖，可以畫在「方格紙」或「印有格線的筆記本」上。這會比在什麼都沒有的白紙上畫直線、斜線、圖形等來得簡單。而且印有方格的筆記本很容易買到。

還沒掌握畫圖技巧時可以先用方格紙練習，等到逐漸上手後，建議慢慢改成使用白紙。如果太過依賴方格紙，在開會時遇到得在白板或白紙上畫圖的狀況，會不知所措，這樣的話可就不好了，請多加注意。

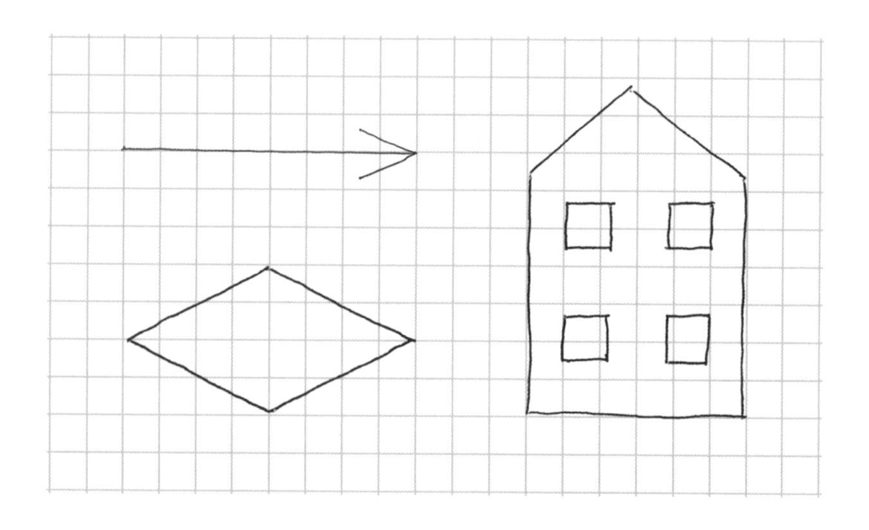

Part 3

學會畫圖形（○△□）

Part 2 練習了如何畫出「工整的線條」。

這一章則要教你畫構成一張圖的基礎元素——圖形（○△□）。

雖然正確畫出各種圖形並不是一件簡單的事，但如果已經在 Part 2 學會了如何畫出工整的線條，相信不會太難上手。

懂得正確畫圖形的方法後，你就有辦法畫出流程圖、長條圖等在工作中立即派得上用場的圖表。

Part 3
01

想畫出好看的圖形，線條就要連在一起

學會畫線條之後，接下來就要練習畫圖形（○△□）了。圖形是線條集合而成的，只要將2條水平線與2條垂直線連在一起，就能畫出四方形（□）。重點在於，線與線要好好連在一起，不要留下缺口。

反過來說，如果線都有確實連在一起的話，就算線條本身有點畫歪，整個圖形一樣會是好看的。

如果像下面的例子那樣，線與線沒有好好連起來的話，就無法構成圖形。

下一頁起會進行各種練習，幫助你將畫出來的線連在一起。

畫正方形

第一個要學的圖形是正方形。只要能正確畫出在前一章練習的水平線與垂直線，並有將這些線條連在一起的話，任何人都有辦法畫出正方形。

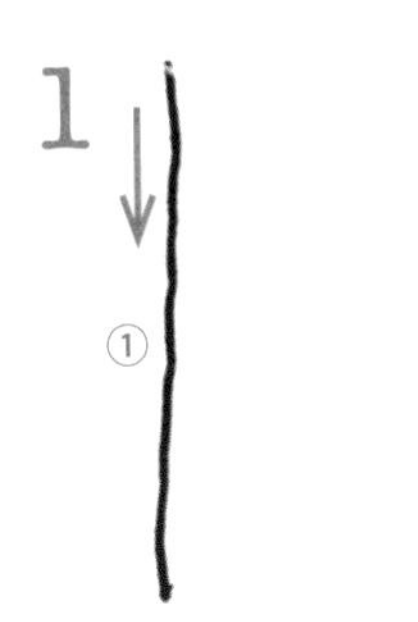

畫出垂直線①。

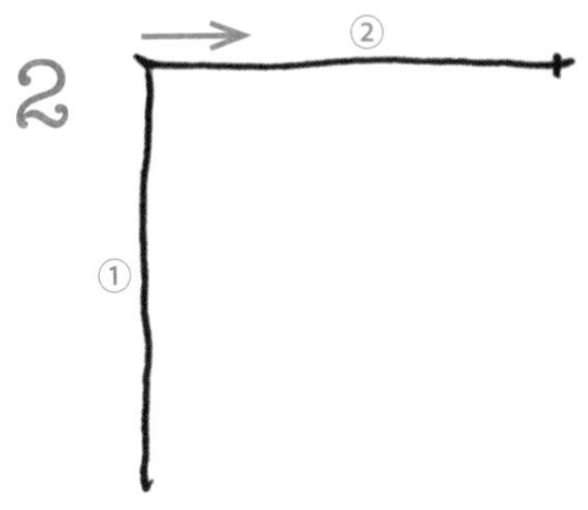

畫出與垂直線相連的水平線②。此時要記得，設法將水平線②的長度畫得與垂直線①的長度相同。

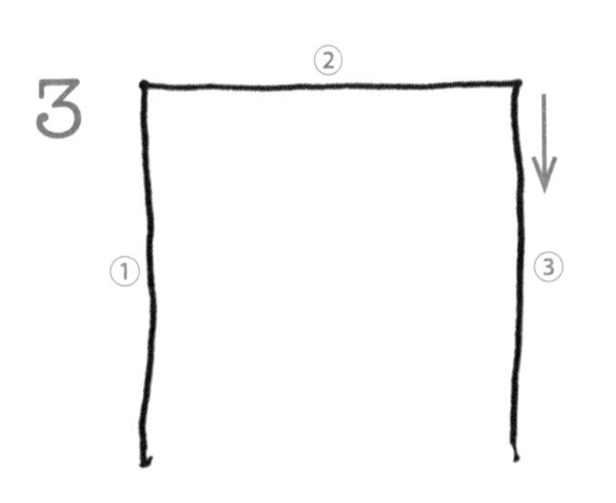

畫垂直線③，線條與線條同樣要連在一起。重點在於長度要畫得與垂直線①相同。

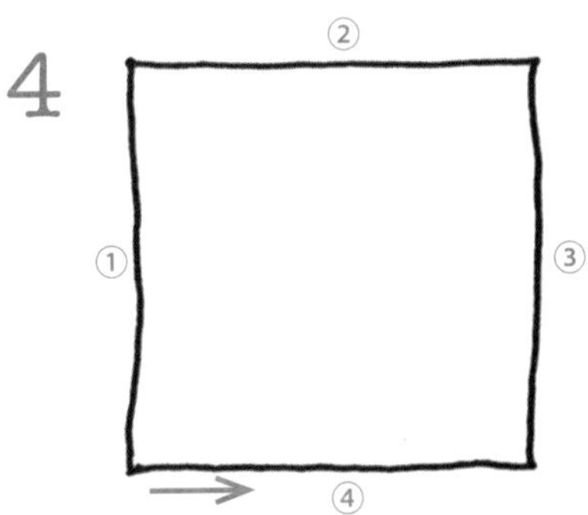

畫出與其他線條相連的水平線④。線條都有確實連在一起的話，正方形便完成了。

失敗案例

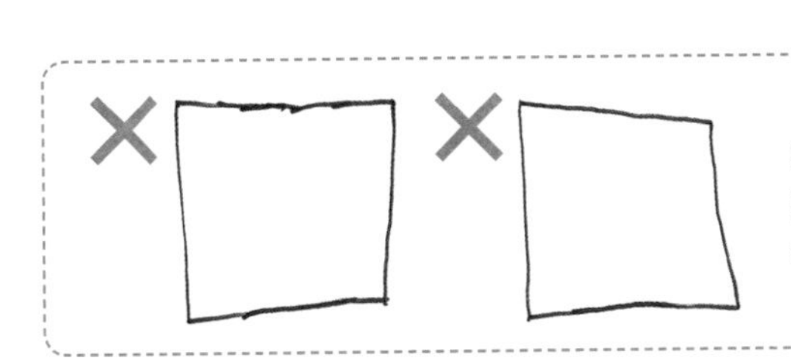

如果水平線或垂直線畫得不正確，形狀就會變得歪歪斜斜。

Part 3

03 畫長方形

會畫正方形後，畫長方形也就不難了。只要改變①與②的線條長度，就能自由畫出不同大小的長方形。

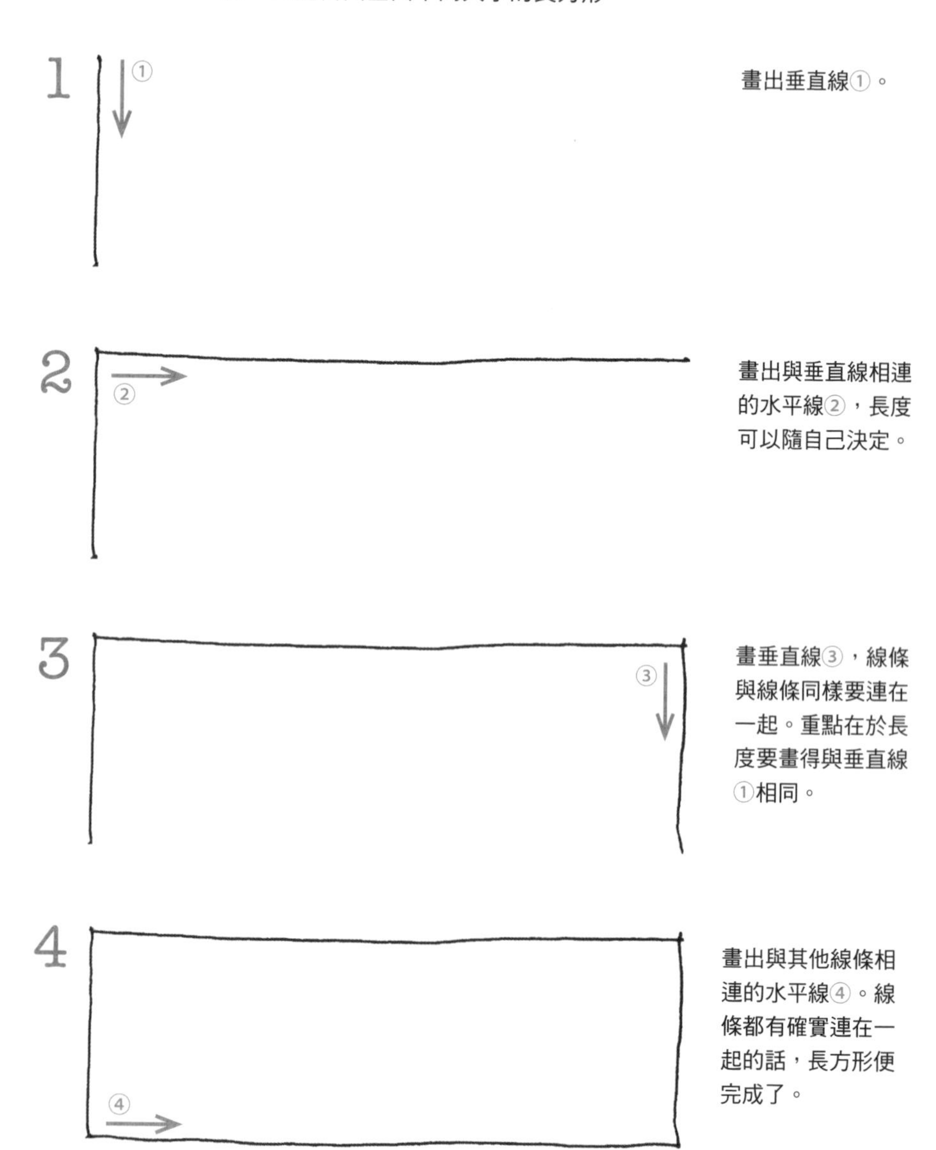

畫三角形
①等腰直角三角形

接下來要練習畫三角形。首先要畫的是用到了45度斜線（p.34）的等腰直角三角形，這是三角形中最容易畫的一種。

1

畫出水平線①。

2

畫45度的斜線②（左下往右上），注意線條與線條要連在一起。將這條45度斜線延伸到線條①一半長度的位置。

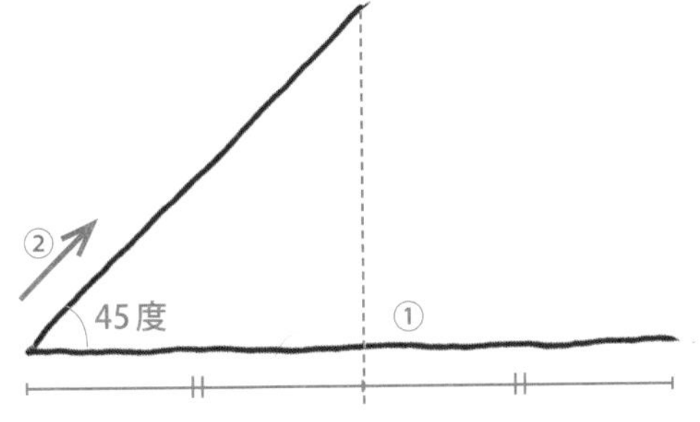

小提醒

剛開始畫時只要大概在一半的位置就行了。建議多加練習，幫助自己抓到感覺。

3

再畫一條45度的斜線③（左上往右下），線條同樣要連在一起。如此一來，A就會自然成為直角。線條都有確實連在一起的話，等腰直角三角形便完成了。

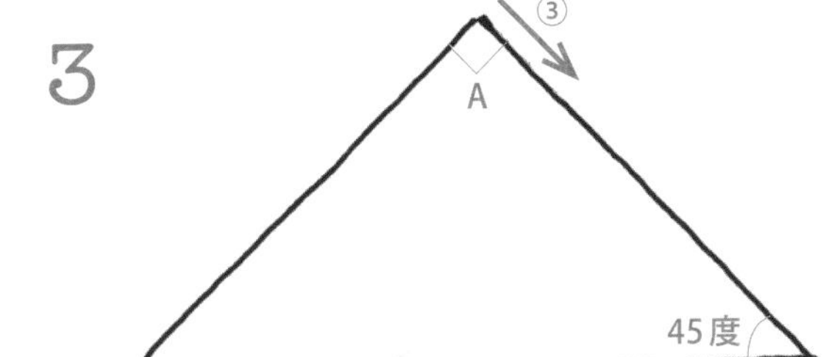

Part 3
05

畫三角形 ②等腰三角形

會畫等腰直角三角形之後，就有辦法畫等腰三角形了。

一般的等腰直角三角形

只要改變斜線②的角度，就能畫出各式各樣的等腰三角形。不論是怎樣的等腰三角形，重點都在於斜線②要延伸到水平線①一半長度的位置。

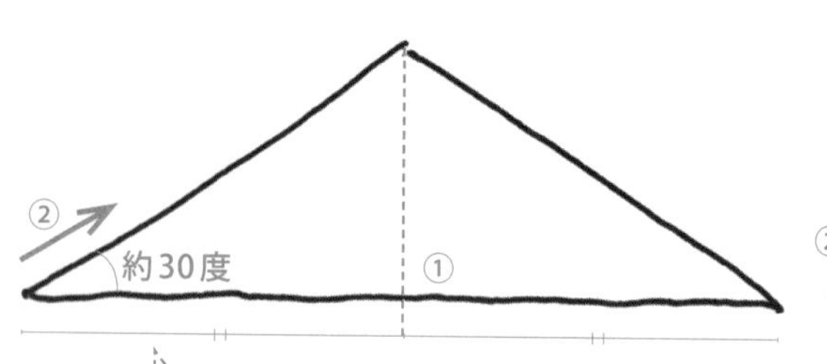

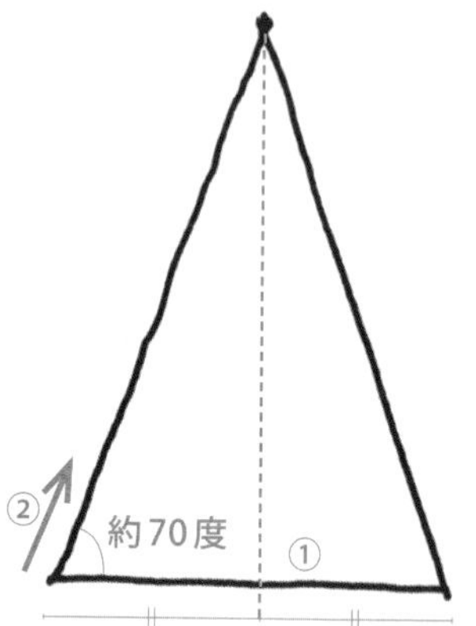

小提醒

實際工作的時候不太可能用量角器來量角度，因此角度抓一個大概的感覺就行了。上手之後不妨多加練習，讓自己有辦法畫得與實際角度相近。

正三角形

正三角形的畫法又更加特殊，詳細說明請見p.50。

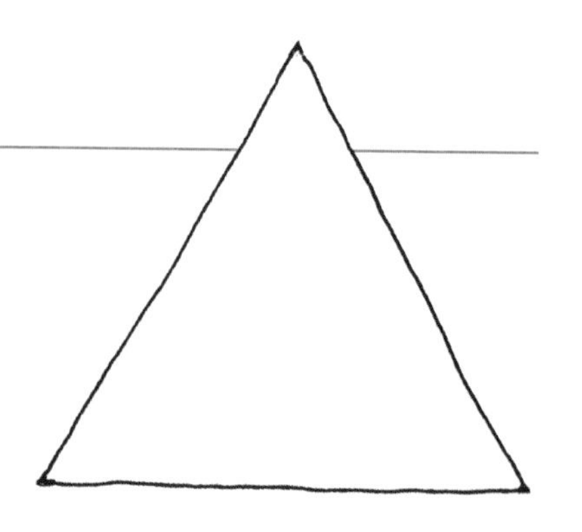

畫三角形
③不等邊三角形

能畫出等腰三角形的話，就有辦法畫出任何種類的三角形。以下就來練習畫3個邊的長度全都不同的不等邊三角形。

不等邊三角形

1

①

畫出水平線①。

2

想像出整體形狀後，依自己想要的角度畫出斜線②，並取適當的長度。

3

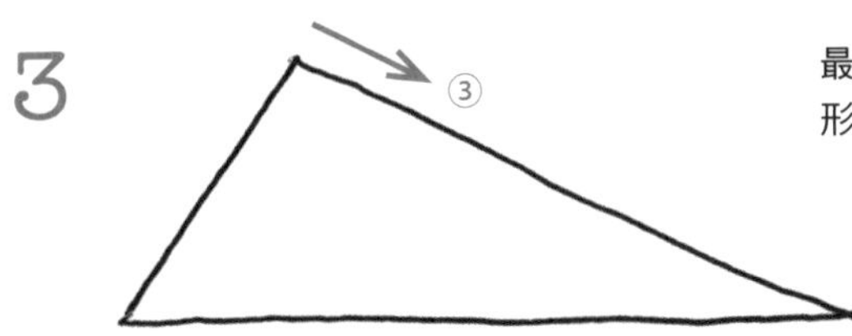

最後只要畫出斜線③，不等邊三角形便完成了。

應用

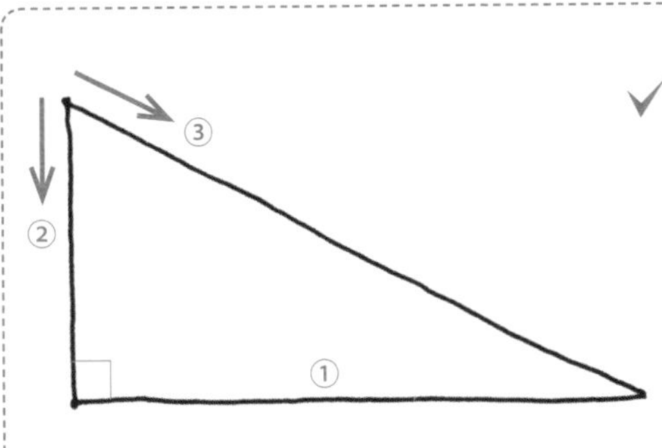

✓另一種直角三角形的畫法

前面的練習都完成之後，也可以用以下這種方法輕鬆畫出直角三角形。畫出水平線①，再畫垂直線②，最後畫斜線③就完成了。

Part 3

07

畫正圓形

這個單元要練習如何畫出正圓形。在還沒上手前，可以先畫一個正方形，藉助正方形畫出圓形。

1

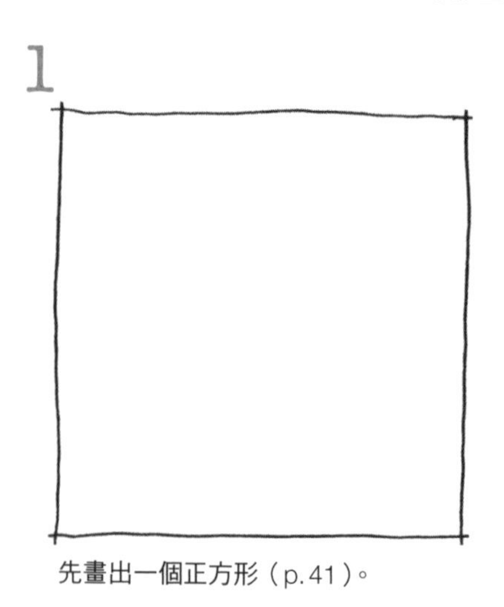

先畫出一個正方形（p.41）。

2

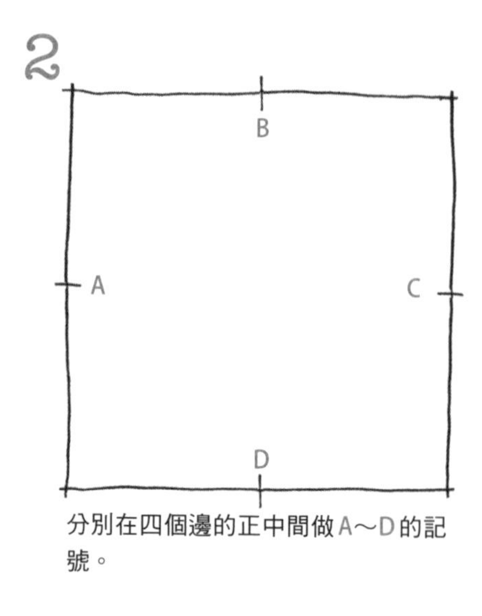

分別在四個邊的正中間做A～D的記號。

3

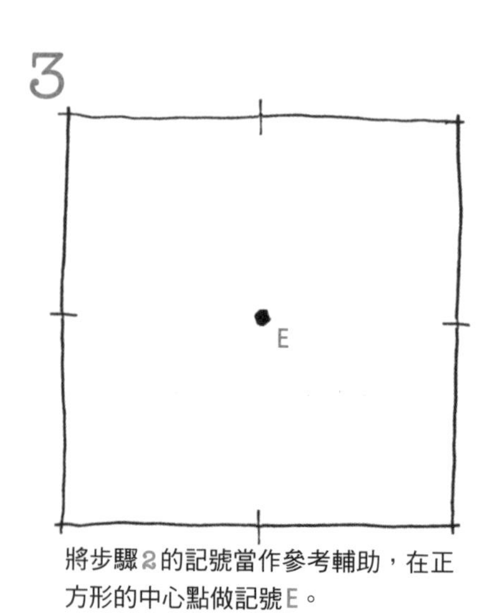

將步驟2的記號當作參考輔助，在正方形的中心點做記號E。

4

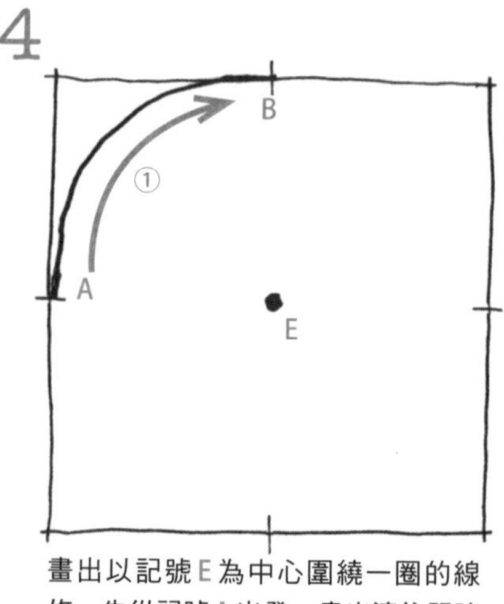

畫出以記號E為中心圍繞一圈的線條。先從記號A出發，畫出連往記號B的弧線①。

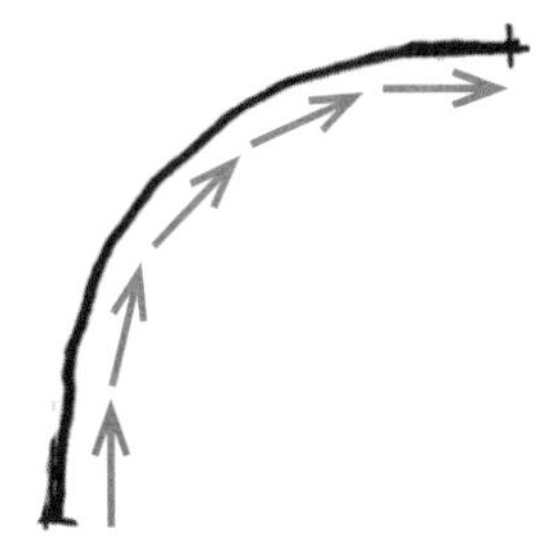

弧線一開始先往正上方（↑）畫，然後慢慢改變角度。請多加練習，想辦法抓住感覺。

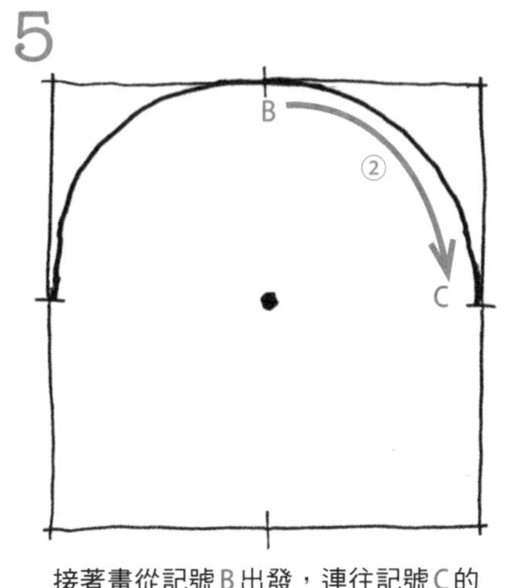

接著畫從記號B出發，連往記號C的弧線②。

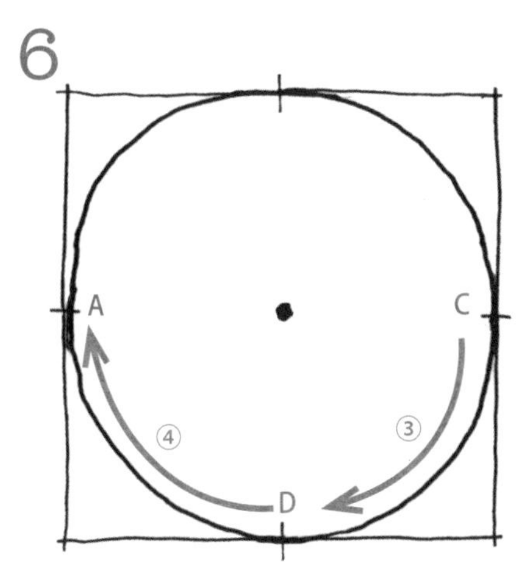

以同樣方式畫出從記號C連往記號D的弧線③、從記號D連往記號A的弧線④，正圓形便完成了。

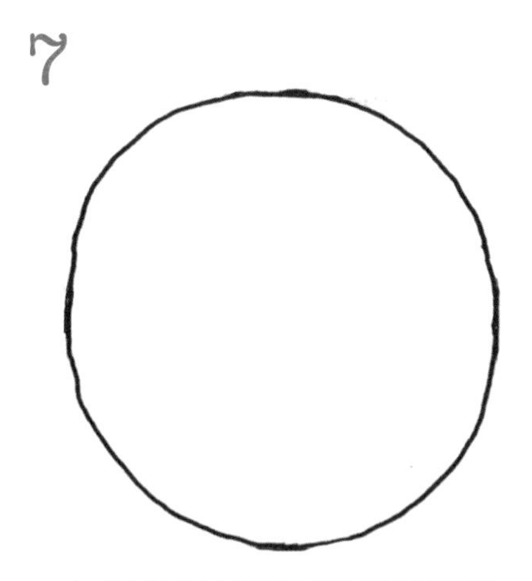

上手之後可以嘗試不依靠正方形及記號畫出正圓形。

小提醒

剛開始還不習慣時，用A→B、B→C、C→D、D→A的方式一段一段分批畫完也沒關係。等到上手之後，建議練習讓自己A→A可以一筆畫完。

Part 3
08

畫橢圓形

學會畫正圓形後，畫橢圓形也就不難了。橢圓形的畫法基本上與正圓形相同，只是一開始不是畫正方形，而是長方形，然後藉由長方形的輔助畫出橢圓形。

畫出一個長方形（p.42）。

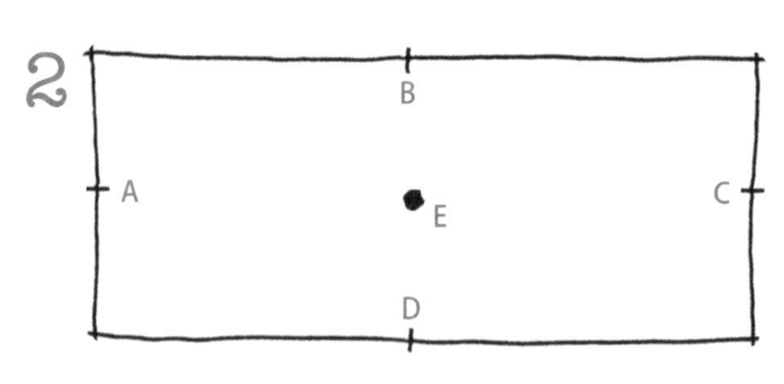

分別在四個邊的正中間做A～D的記號，並在長方形的中心點做記號E。

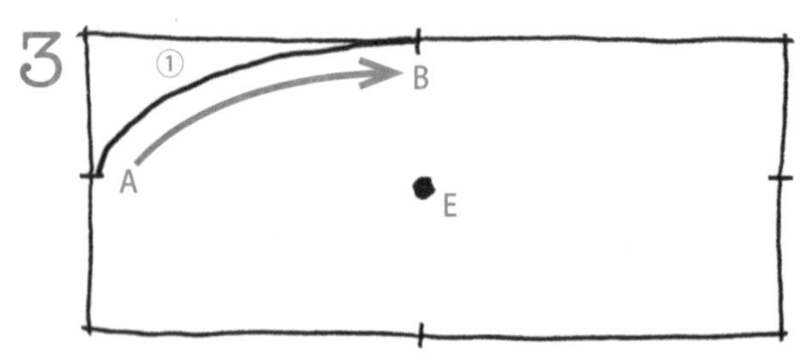

畫出以記號E為中心圍繞一圈的線條。先從記號A出發，畫出連往記號B的弧線①。

小提醒

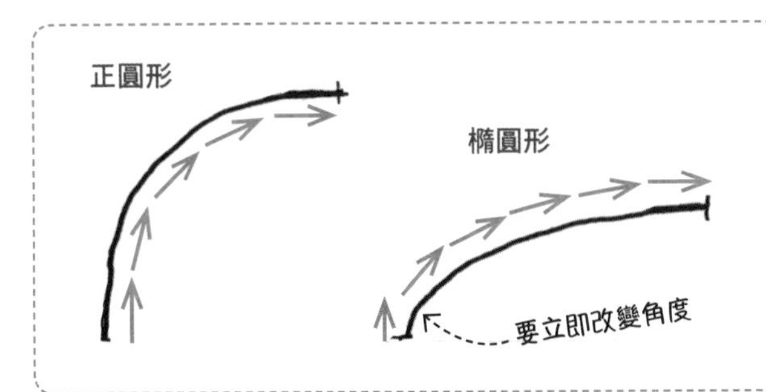

橢圓形的弧線和圓形一樣，一開始要往正上方（↑）畫，但不同之處在於要立即改變角度。請多加練習，想辦法抓住感覺。

4

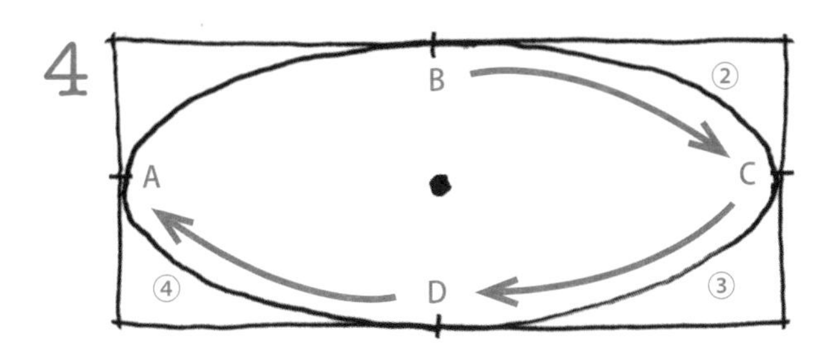

接著，分別畫出記號B→記號C、記號C→記號D、記號D→記號A的弧線②、③、④，橢圓形便完成了。

5

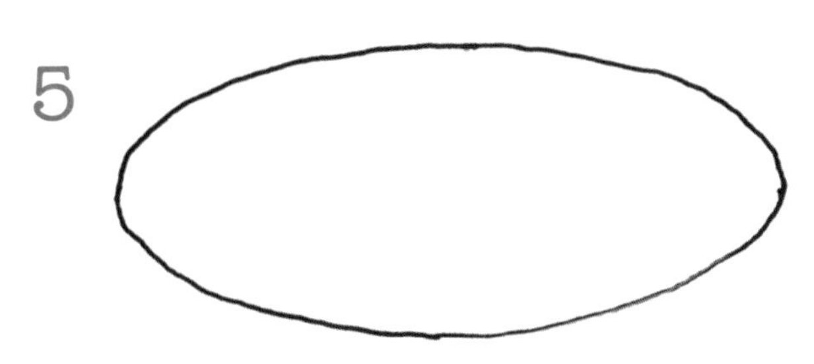

熟悉畫法後，可以嘗試不依靠長方形及記號畫出橢圓形。

應用

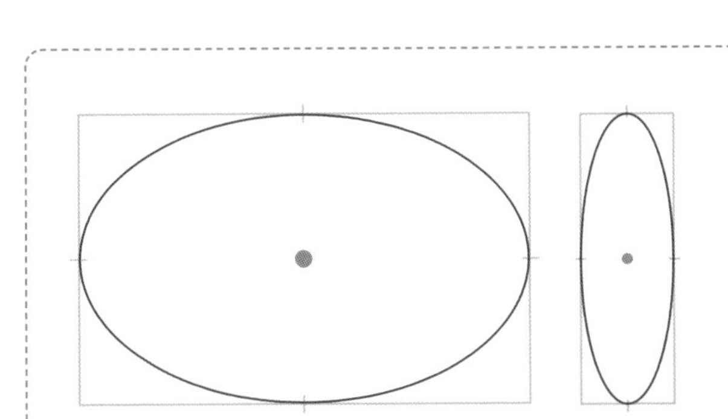

改變長方形的尺寸，就能畫出各種不同的橢圓形。

Part 3
09

畫三角形 ④正三角形

正三角形的畫法和其他三角形（p.43～45）不同，需要多幾個步驟。這裡教導的方式是先畫出正圓形，然後想像時鐘鐘面的刻度，藉此畫出正三角形。

1

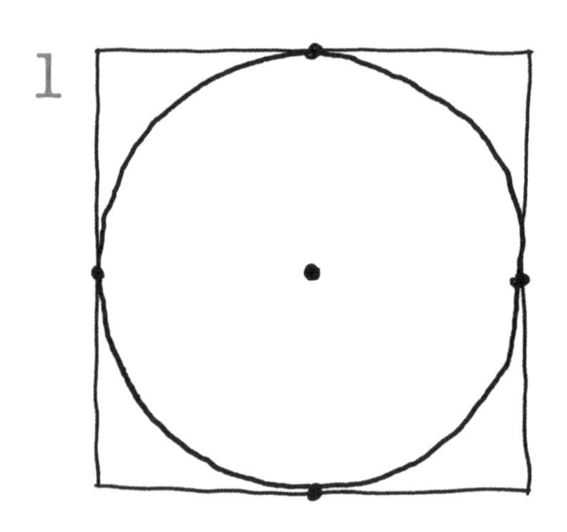

依照p.46「畫正圓形」教導的步驟，先畫一個正方形，再畫出圓形。

2

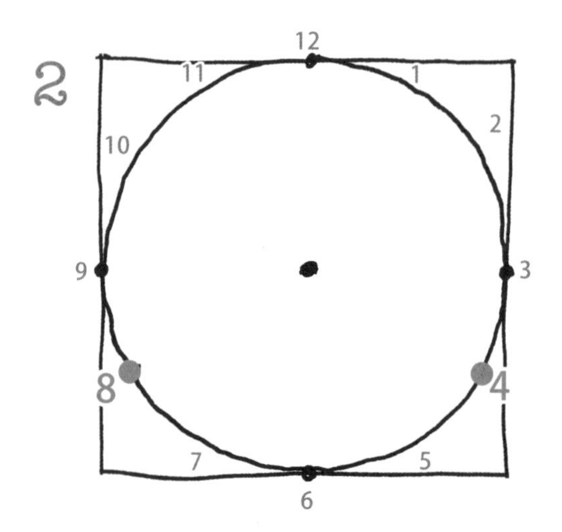

想像時鐘鐘面的刻度，在4點與8點的位置做●記號。

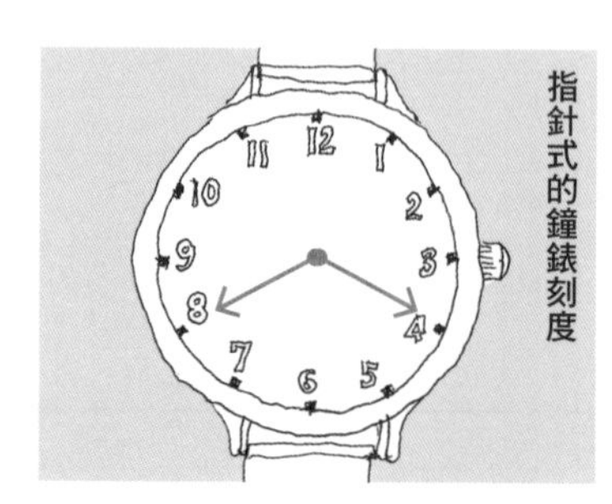

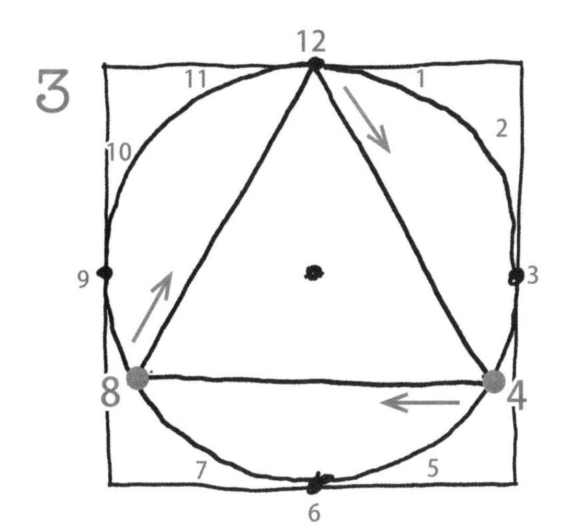

依8點→12點→4點→8點的順序畫線連接起這三個點。

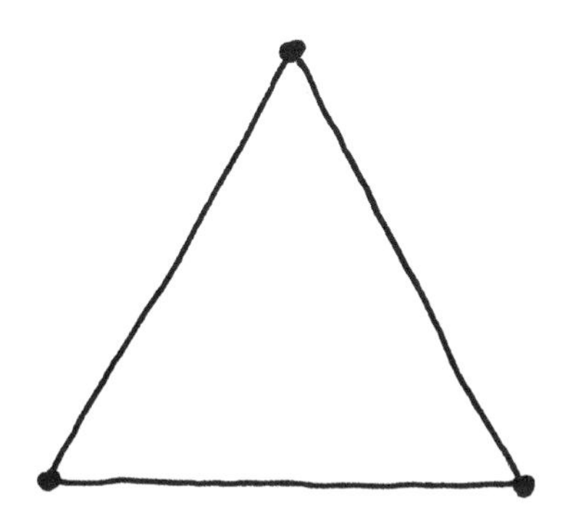

擦掉正方形與正圓形，正三角形便完成了。熟悉畫法後，可以嘗試不依靠正方形與正圓形，直接畫出正三角形。

應用

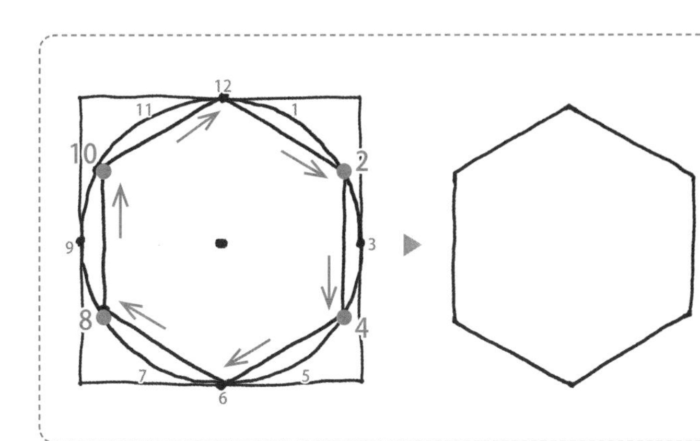

這種藉助時鐘鐘面刻度的技巧也可以用在畫正六邊形上。

Part 3
10

畫菱形

畫流程圖之類的圖表時常會用到菱形。雖然菱形的畫法比○△□稍微難一點，但只要跟著練習就沒問題了。

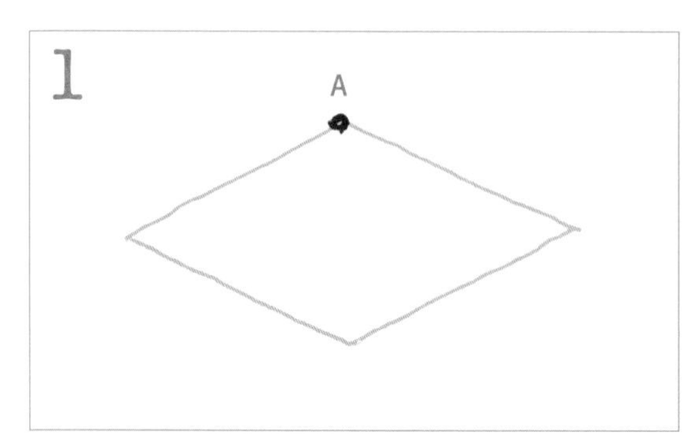

想像出菱形大略的形狀，並在相當於菱形頂端的位置做A的記號。

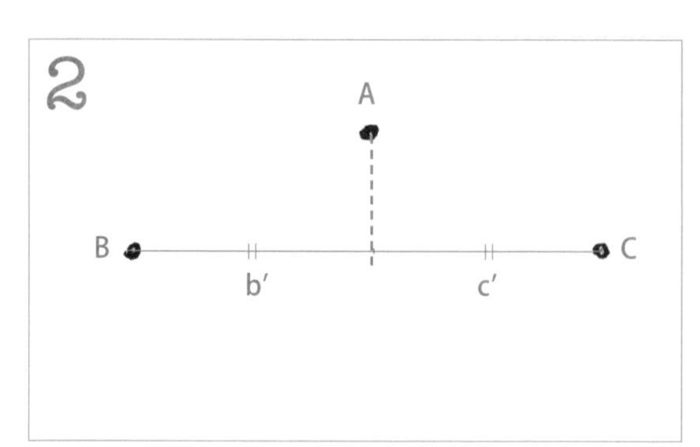

在相當於左右兩邊尖端的部分做B與C的記號。做記號時的重點在於要讓# b'與c'的長度相等。

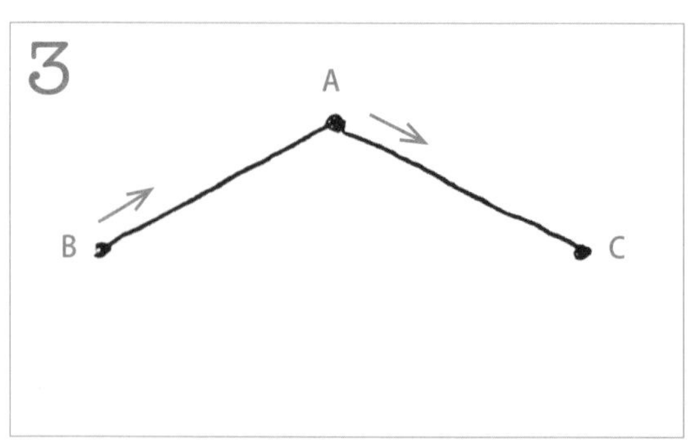

以線條連接起B-A、A-C。

在記號A的正下方做D的記號。做記號時的重點在於要讓d'與e'的長度相等。

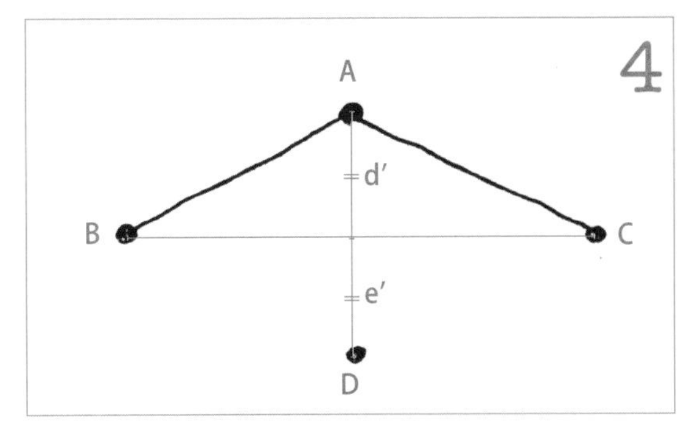

以線條連接起C-D、D-B，這樣菱形便完成了。

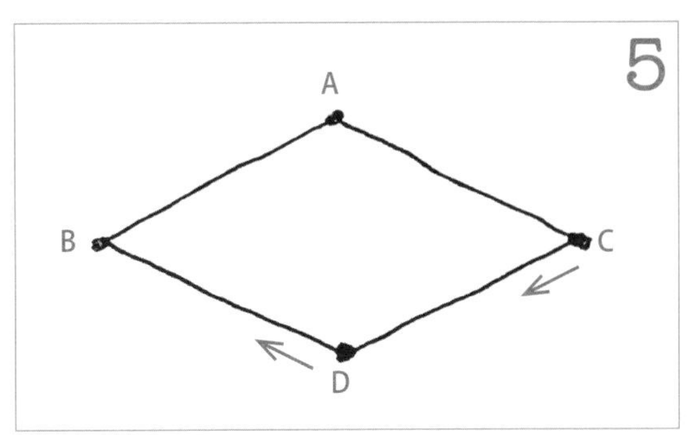

上手之後可以試著不做記號直接畫出來。

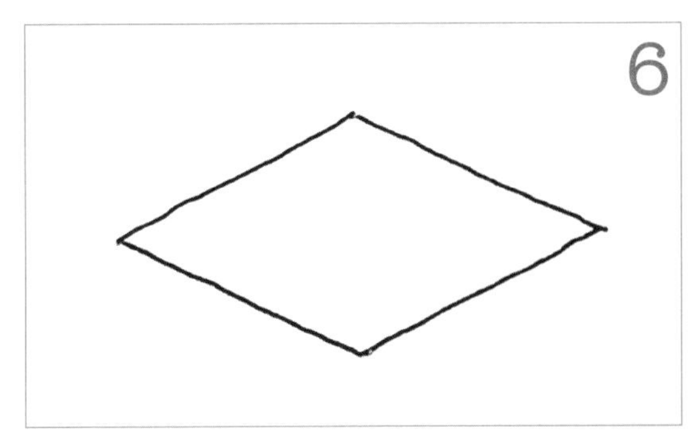

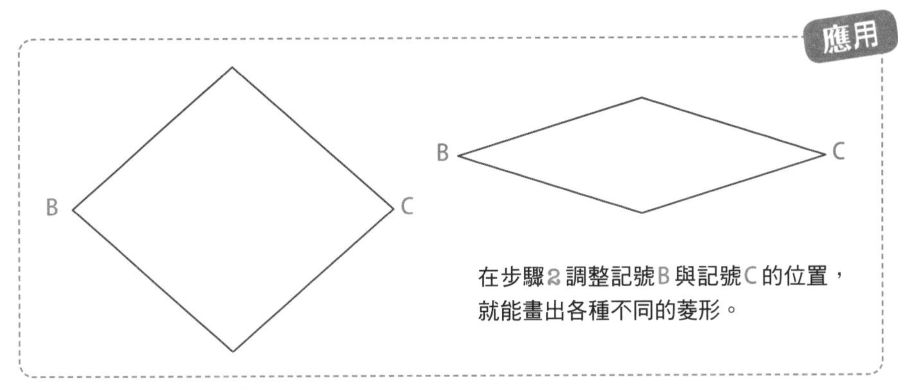

在步驟2調整記號B與記號C的位置，就能畫出各種不同的菱形。

Part 3
總結

練習畫圖表

學會了畫工整的線條、箭頭、圖形後，就有辦法畫出「流程圖」或「長條圖」等，在工作上經常會用到的圖表了。能精確表達出重點的圖表在簡報時會很有幫助。以下是一些可供參考、練習的例子。

畫流程圖

練習用長方形、菱形、橢圓形、箭頭畫出流程圖。用不同的外框形狀及箭頭來區分「YES」與「NO」可幫助觀看者更容易理解。學會畫各種線條及圖形能讓你畫出來的圖表方便閱讀，進行討論及彙整也會更輕鬆。

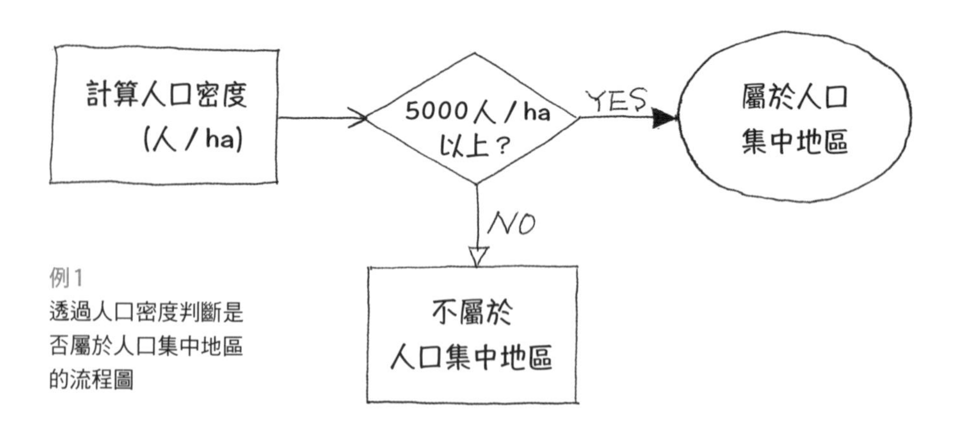

例1
透過人口密度判斷是否屬於人口集中地區的流程圖

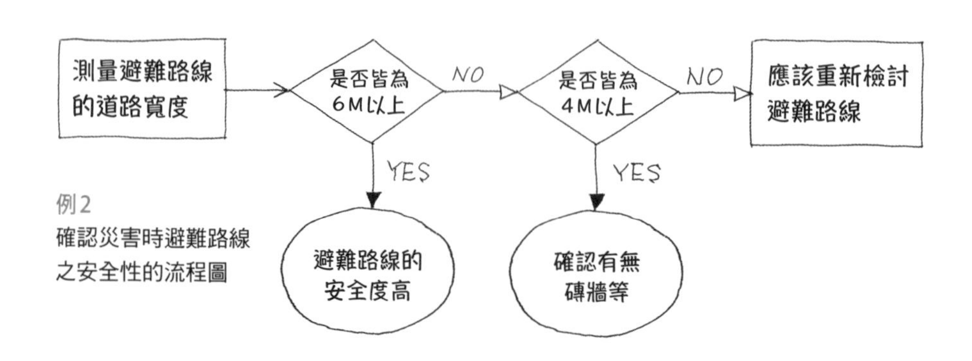

例2
確認災害時避難路線之安全性的流程圖

練習畫將數字視覺化的圖表

運用直線、斜線、長方形、圓形等元素，也能畫出視覺化的圖表。開會時在白板之類的地方簡單畫出這些圖表，相信會比單純傳達數字得到更好的效果，不妨多加練習。

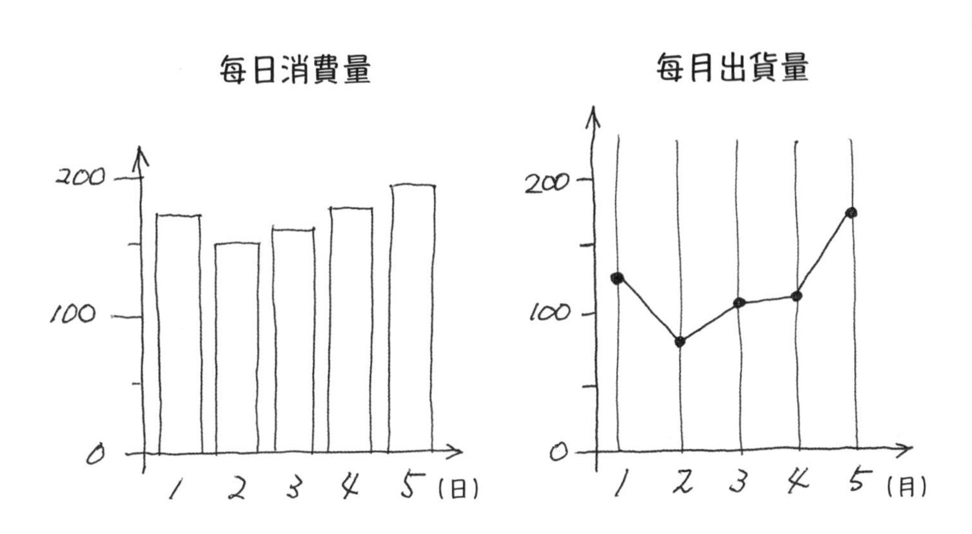

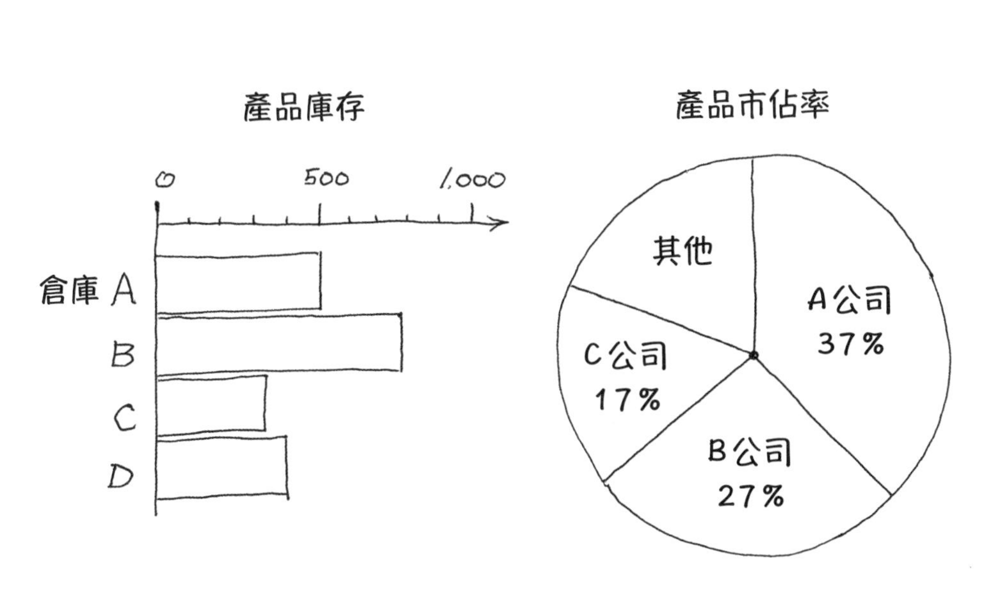

Column

如何表現塗滿的效果

前面提到，本書中畫圖所使用的筆，基本上是以「原子筆」為前提。原子筆和水彩顏料或色鉛筆不同，比較不容易「表現塗滿的效果」。關於該如何用原子筆表現塗滿的效果這一點，以下將介紹我常用的方法。

那就是運用在p.35提到的「畫出許多條平行的斜線（45度）」這項技巧。例1 便是藉由斜線（45度）表現出塗滿兩個圖形的效果。

例2 則使用了相同的方法，表現酒杯裡分別裝了白酒與紅酒。塗滿與留白的技巧可以像這樣用來區分不同物品。

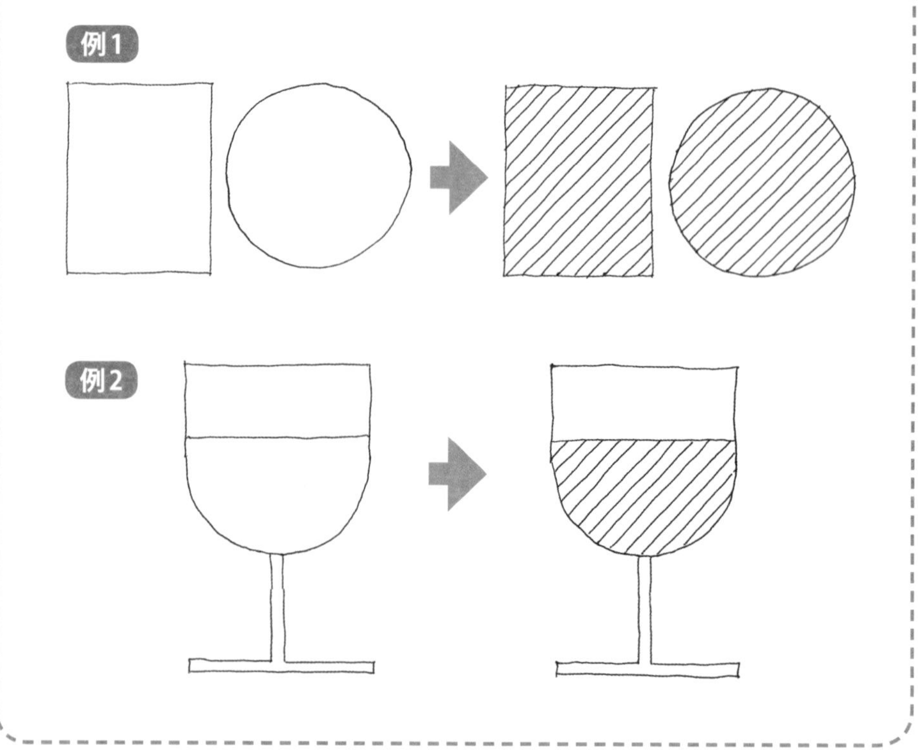

Part 4

排列組合各種圖形
畫出簡單的圖

Part 3說明了如何畫〇、△、□等基本圖形及橢圓形、菱形。

在這一章，則要練習如何將這些圖形組合起來，畫出簡單的圖。每個基本圖形分開來看都很單純，但經過排列組合，就能產生各式各樣的變化。

懂得如何排列組合圖形，就有辦法畫出工作時派得上用場的「圖」（這一章要教的包括酒杯、大樓、房屋、電車等），以下將一步步帶著你練習。

Part 4
01

排列組合各種圖形 ①畫出L形

許多圖形乍看之下似乎很難畫，但有些其實只是簡單的圖形（○△□）排列組合而成的。只要搞懂了這一點，就能夠用前一章練習的圖形畫出各種不同的形狀。

L形是2個長方形組合而成

1 右圖是一個有如英文字母L的圖形。

2 仔細觀察可以發現，這個L形其實是2個不同大小的長方形A、B所組成的。

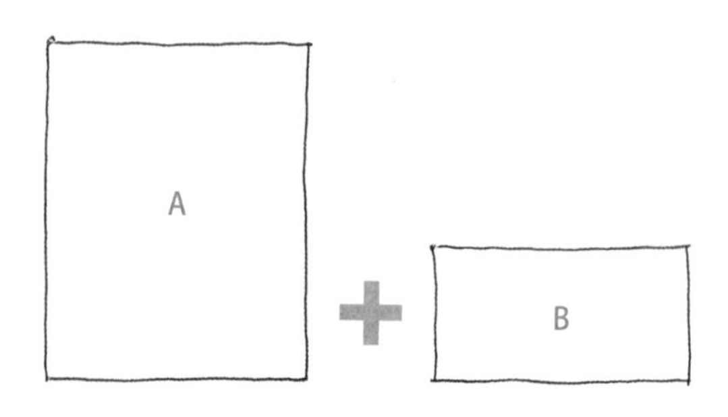

3 由此可知，將長方形A、B組合在一起，就能畫出L形。

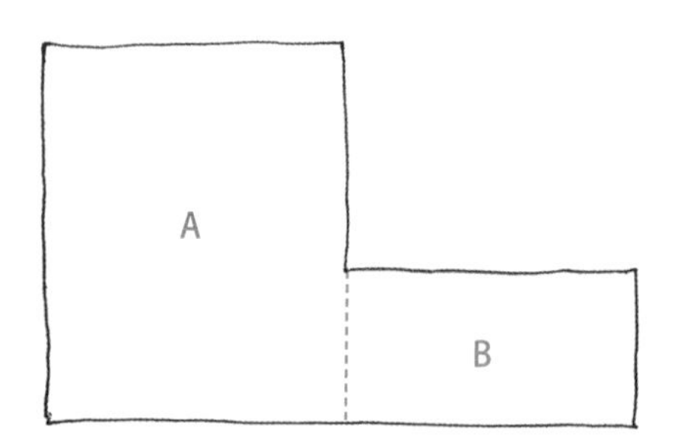

實際練習畫L形

記住上一頁教導的內容後，接下來就要實際練習畫L形了。

1 從長方形A（參閱上一頁）的左端畫起，先畫垂直線①。這條線的長度決定了L形的「高度」。

2 再來則是畫水平線②與垂直線③。想好長方形B要畫多大，藉此決定垂直線③的長度。

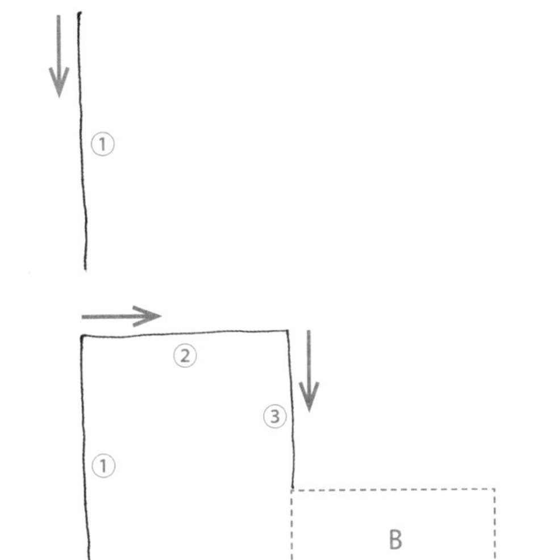

3 接著要來畫長方形B的部分。畫出水平線④與垂直線⑤。記得提醒自己，垂直線⑤與垂直線①的下端要對齊。

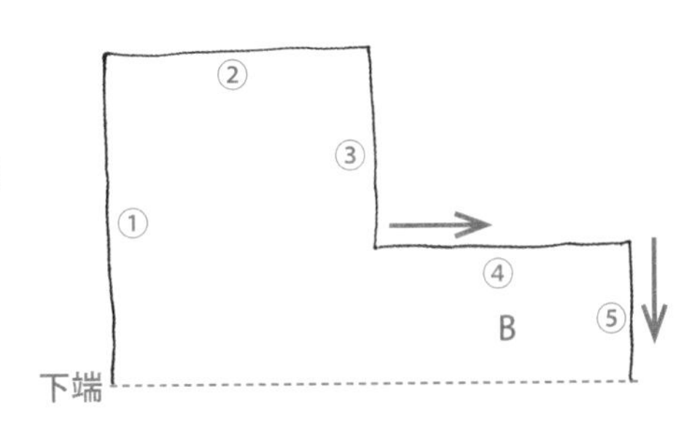

4 最後將水平線⑥畫好，L形便完成了。

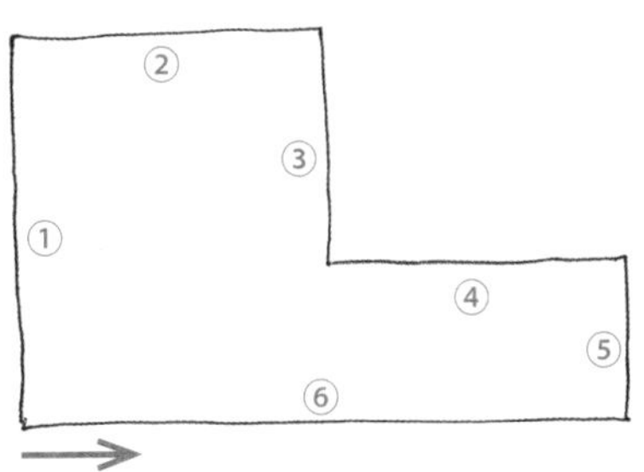

失敗案例

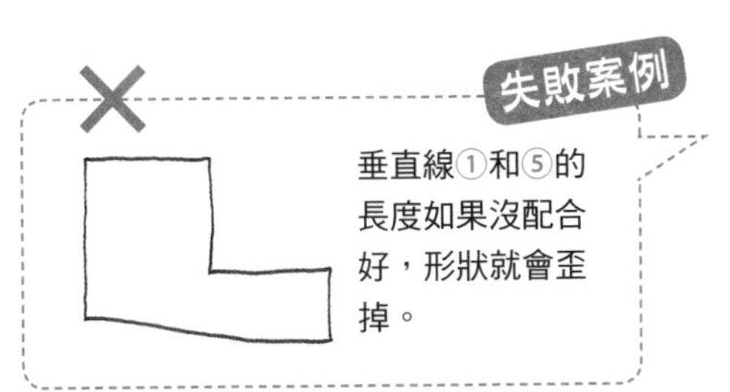

垂直線①和⑤的長度如果沒配合好，形狀就會歪掉。

Part 4
02

排列組合各種圖形 ②特殊形狀

在這個單元，則要練習畫正方形與正圓形組合而成的特殊形狀。

用正方形與正圓形組合出特殊形狀

1 請先看右圖的這個特殊形狀。

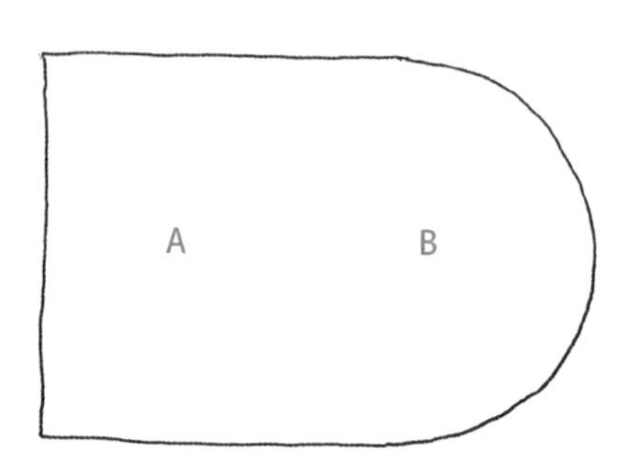

2 仔細觀察可以發現，這個特殊形狀是由正方形A與正圓形B所組成的。

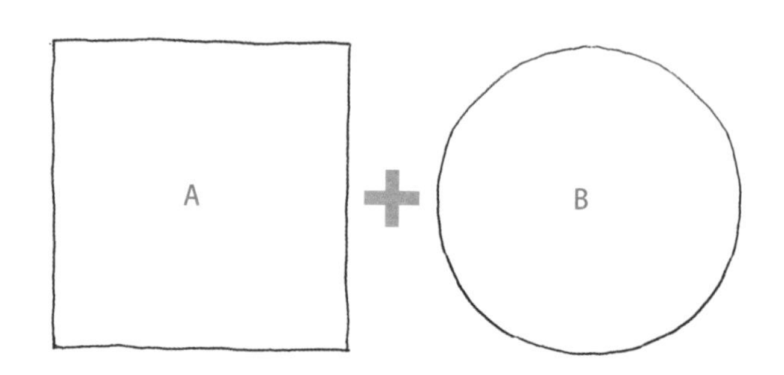

3 由此可知，將正方形A與正圓形B組合在一起，就能畫出這個特殊形狀。

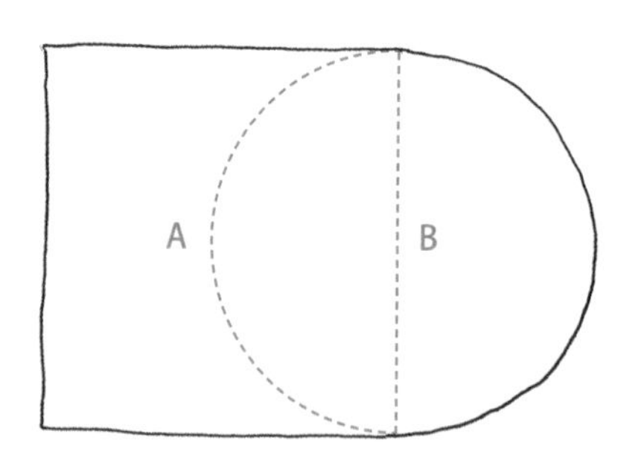

實際練習畫特殊形狀

記住上一頁教導的內容後，接下來就要實際練習畫特殊形狀了。

1 從正方形A（參閱上一頁）的左端與上端畫起。先畫垂直線①，再畫相同長度的水平線②。

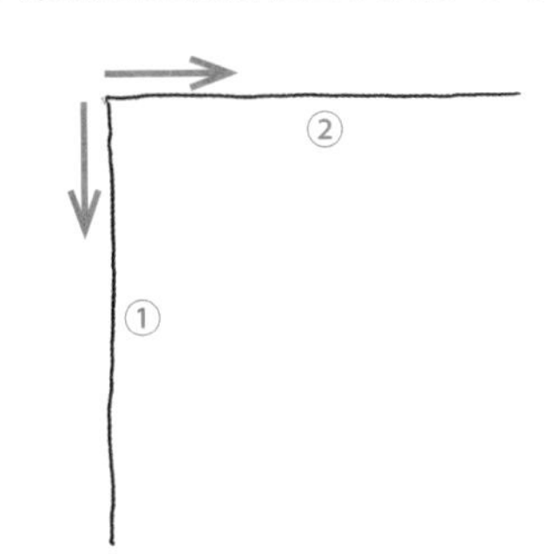

2 參閱「畫正圓形」（p.46）的說明，畫出弧線③。這條弧線畫到垂直線①一半的位置就好。

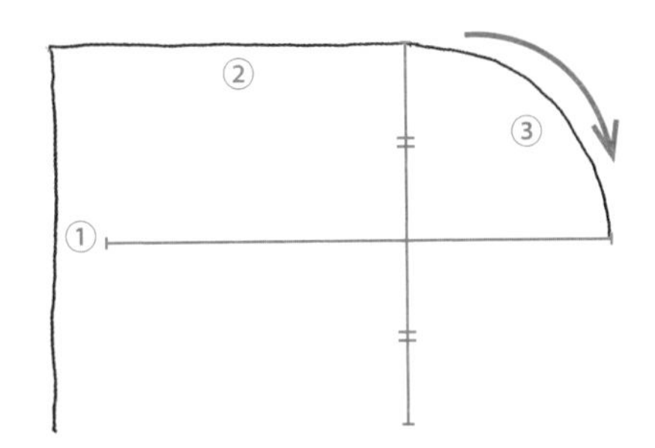

3 畫弧線④。這條弧線的尾端要與垂直線①的下端對齊。

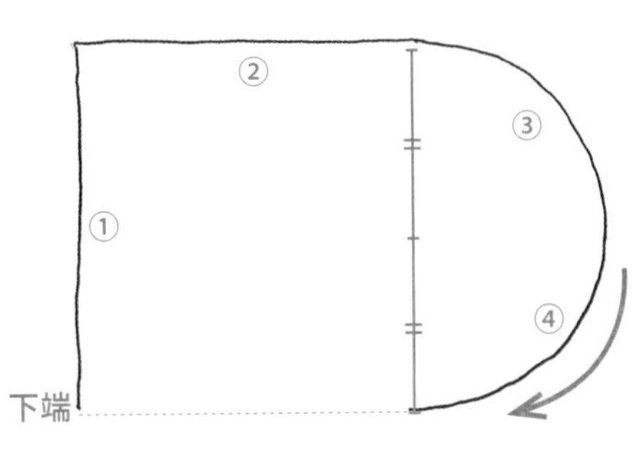

4 最後將水平線⑤畫好，特殊形狀便完成了。

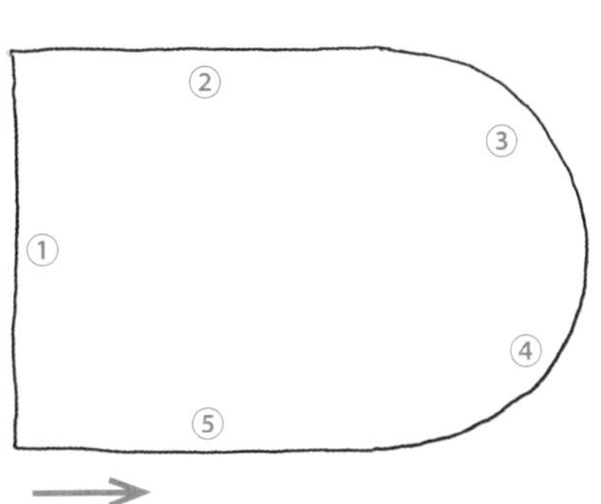

Part 4
03

排列組合各種圖形 ③梯形

只要了解到梯形是由長方形與2個直角三角形組合而成的，要畫出梯形便不難了。

梯形是長方形與直角三角形組合而成

1 請先看右圖的梯形。

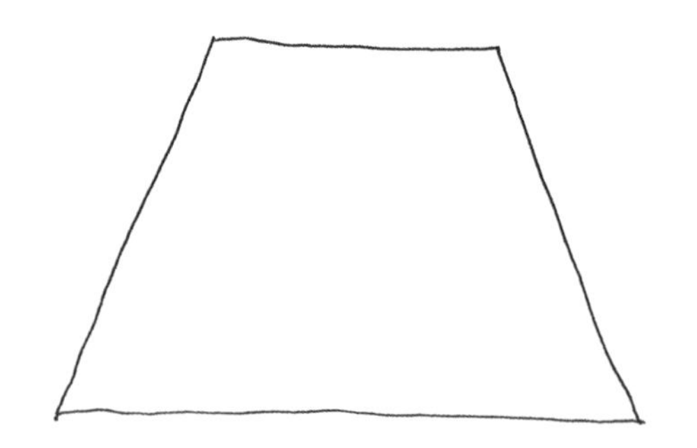

2 仔細觀察可以發現，梯形是由長方形A與左右兩邊的直角三角形B、C所組成的。

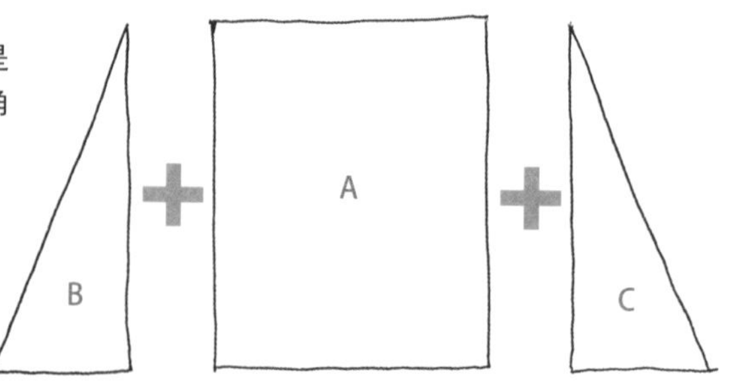

3 由此可知，將A、B、C3個圖形組合在一起，就能畫出梯形。

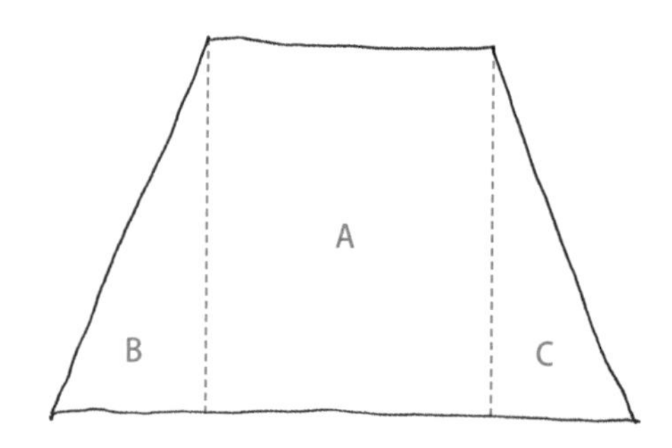

實際練習畫梯形

記住上一頁教導的內容後，接下來就要實際練習畫梯形了。

1 從長方形A（參閱上一頁）的上端畫起，先畫水平線①。

2 從①的左端畫出斜線②。

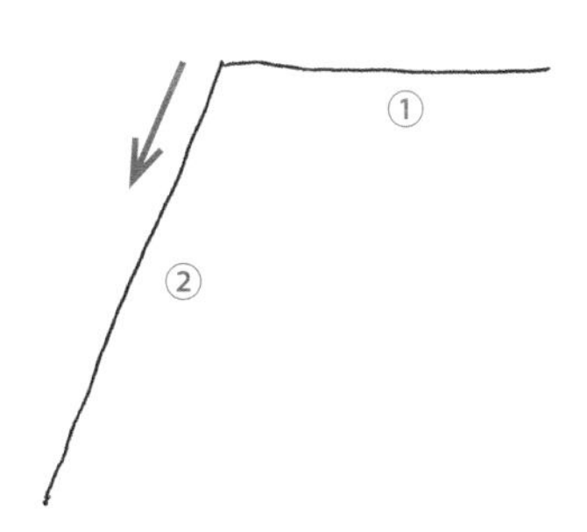

3 再從①的右端畫出斜線③。畫的時候要注意角度與長度，讓斜線③與斜線②完全達到左右對稱。

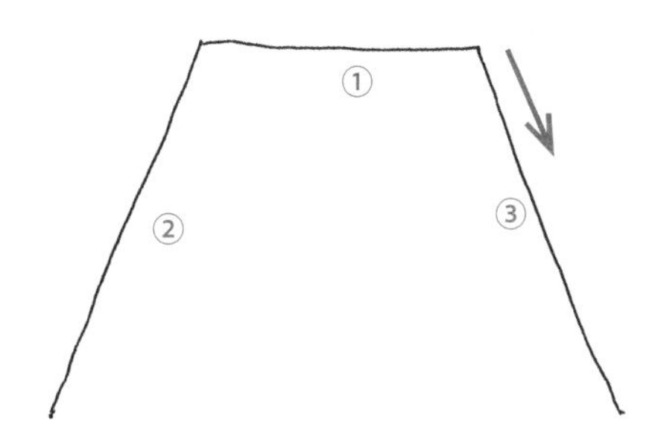

4 最後將水平線④畫好，梯形便完成了。

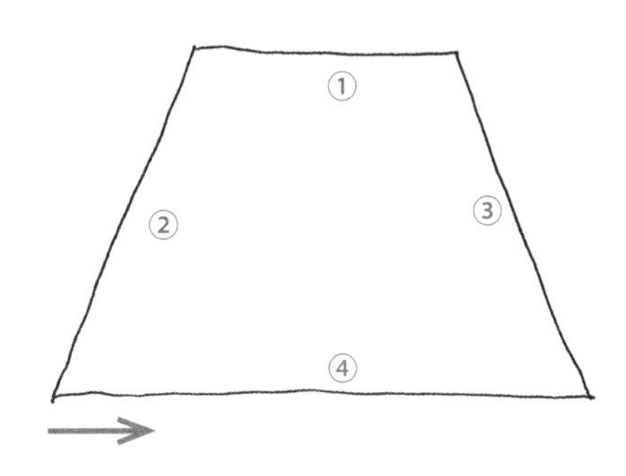

Part 4
04

排列組合各種圖形 ④畫出房屋的形狀

接下來要練習畫等腰三角形與長方型組合而成的形狀。這個形狀在畫圖時經常用來表現房屋。

房屋的形狀是等腰三角形與長方形組合而成

1 請先看右圖這個像房屋的圖案。

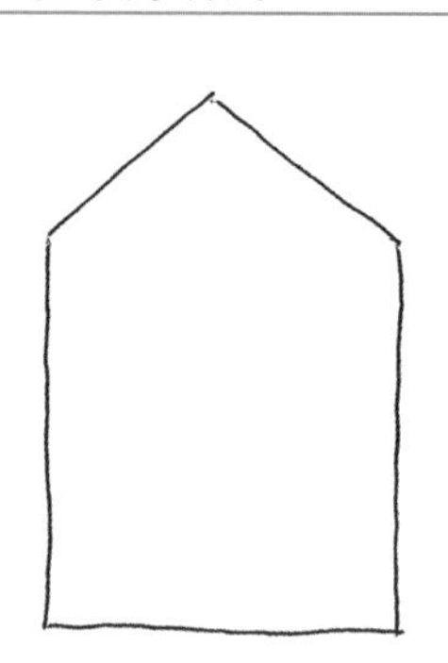

2 仔細觀察可以發現，這個形狀是由等腰三角形A與長方形B所組成的。

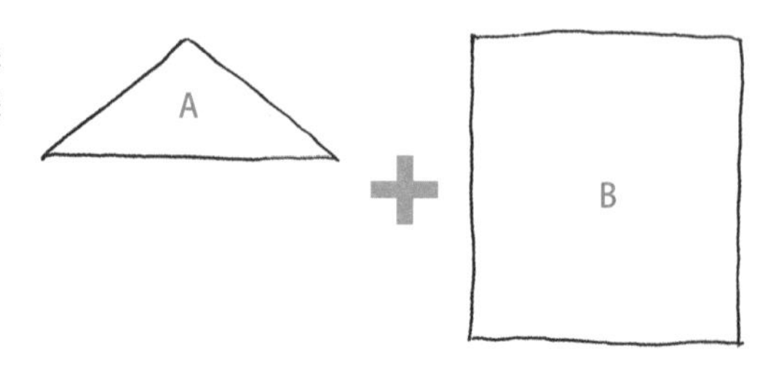

3 由此可知，將A、B，2個圖形組合在一起，就能畫出房屋的形狀。

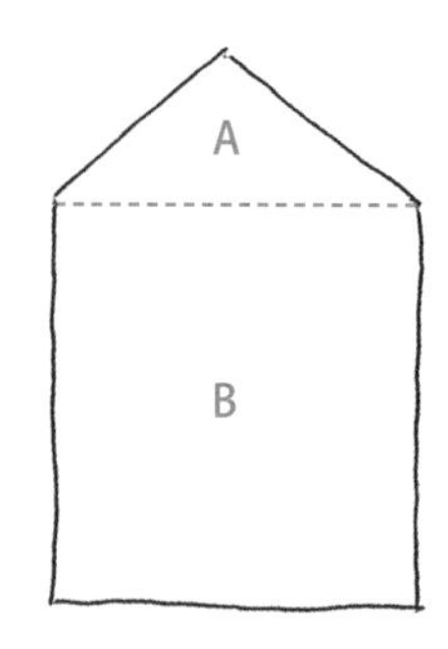

實際練習畫房屋的形狀

記住上一頁教導的內容後，接下來就要實際練習畫房屋了。

1 從等腰三角形A（參閱上一頁）的上面2個邊畫起。畫的時候要注意是否有左右對稱。

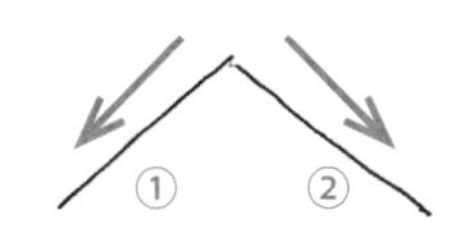

2 接著畫長方形B的部分。畫出垂直線③與水平線④。水平線④的長度要與在步驟1畫的等腰三角形A的底邊相同。

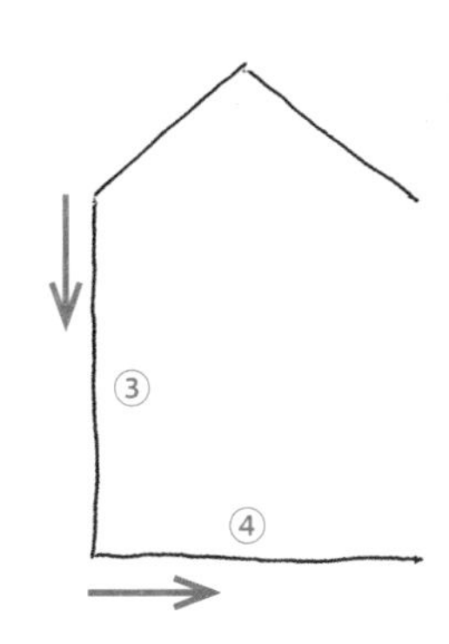

3 畫垂直線⑤。垂直線⑤的下端要與水平線④的尾端準確交會在一起。

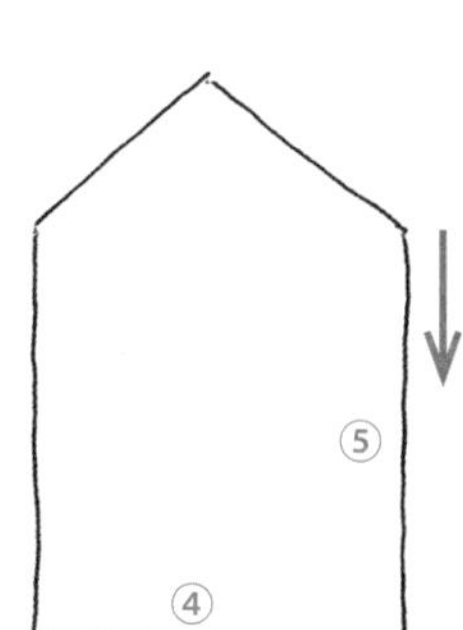

應用

完成步驟3後再畫上4個整齊排列的小正方形，看起來會更有房屋的感覺。

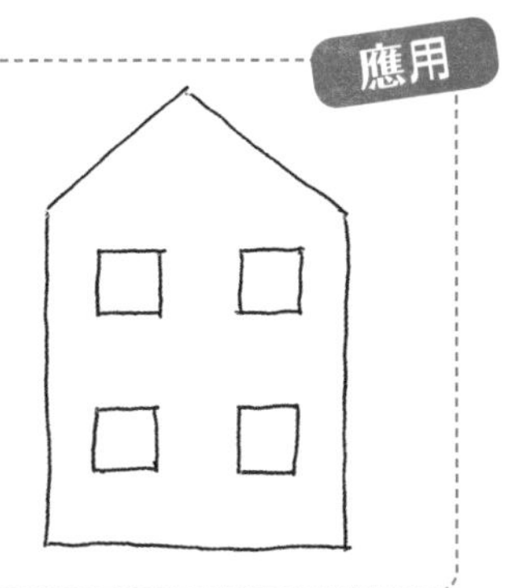

畫雞尾酒杯

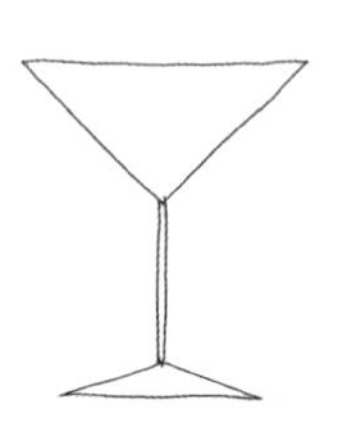

從這個單元開始，將會練習如何將單純的「圖形」排列組合成一幅「圖」。首先要畫的是以三角形為基礎的雞尾酒杯。

養成將物品拆解為圖形的習慣

幾乎所有物體都可以用排列組合各種圖形的方式畫出來，因此我建議訓練自己多觀察身邊的物品是由哪些圖形構成的，將這件事變成一種習慣。這邊要舉的例子是觀察雞尾酒杯。觀察之後就會發現，一只完整的雞尾酒杯是由數個圖形組合而成的。

上圖為實際的雞尾酒杯。

像這樣的一只雞尾酒杯其實是由數個圖形組合而成的。

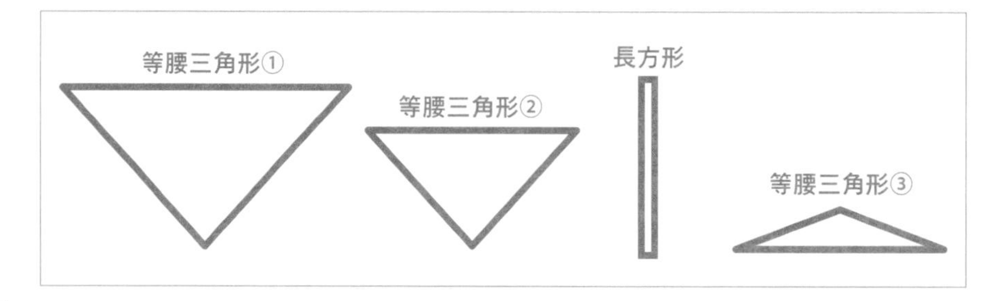

實際練習畫雞尾酒杯

記住上一頁說明的圖形組合後，接下來就要實際練習畫雞尾酒杯了。

先畫一個等腰直角三角形，重點在於要畫成倒三角形的樣子。

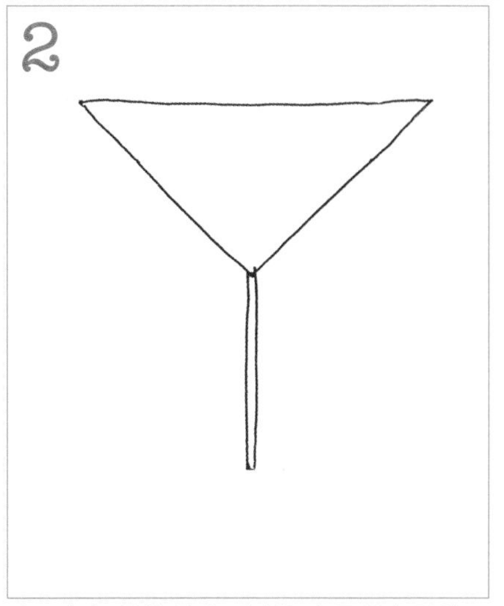

畫一個細長的長方形（這也是長方形的一種）。

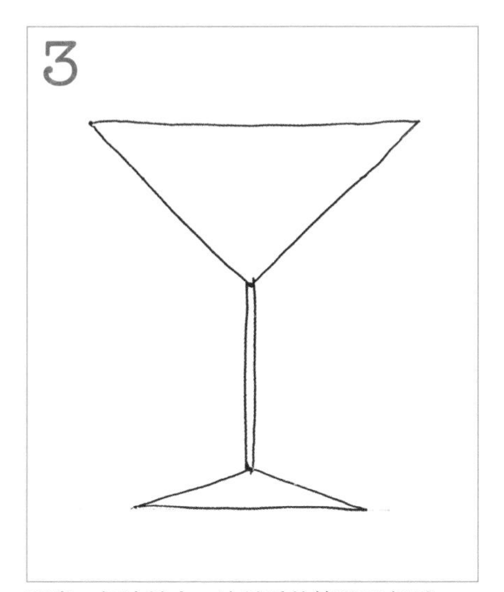

再畫一個比較小、比較扁的等腰三角形。

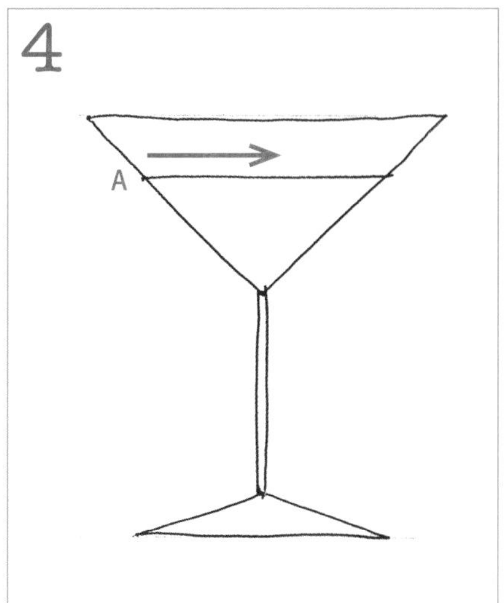

畫一條代表液體的水平線A，雞尾酒杯便完成了。

Part 4
06

畫葡萄酒杯

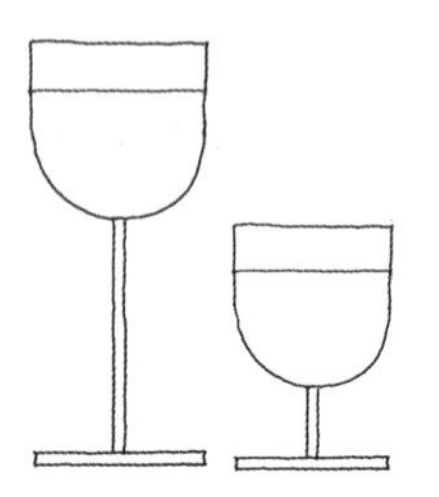

接下來則是以p.60的「特殊形狀」為基礎練習畫葡萄酒杯，杯身部分為長方形與半圓形組合而成。

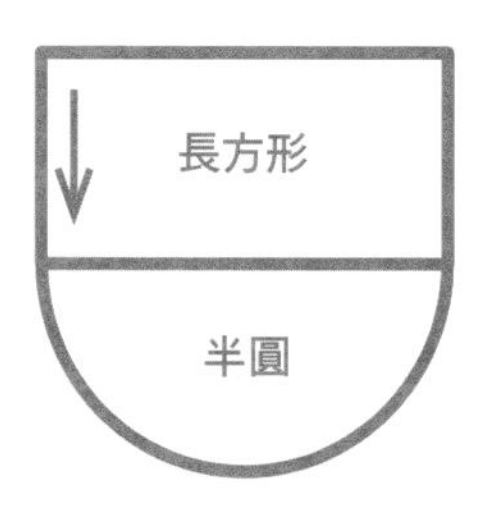

畫杯身時先從長方形的部分畫起。

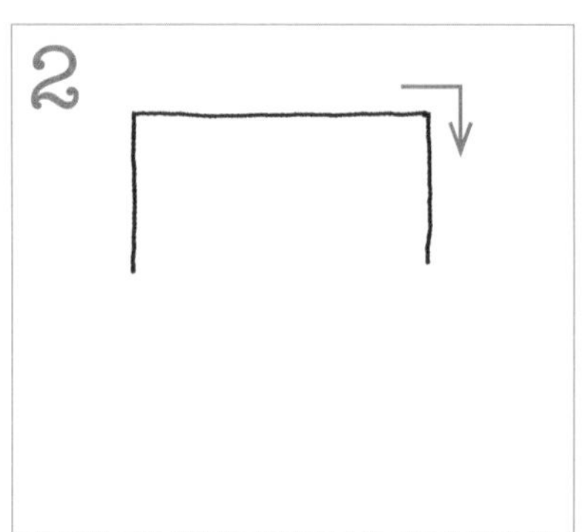

畫出長方形的3個邊。

然後再畫圓的下半部分。

小提醒

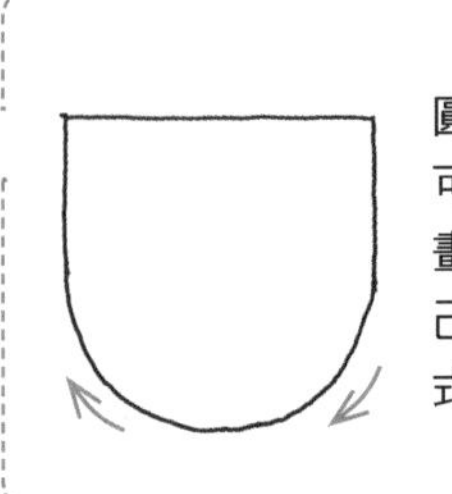

圓的下半部分也可以從相反方向畫過來，挑選自己覺得好畫的方式畫就行了。

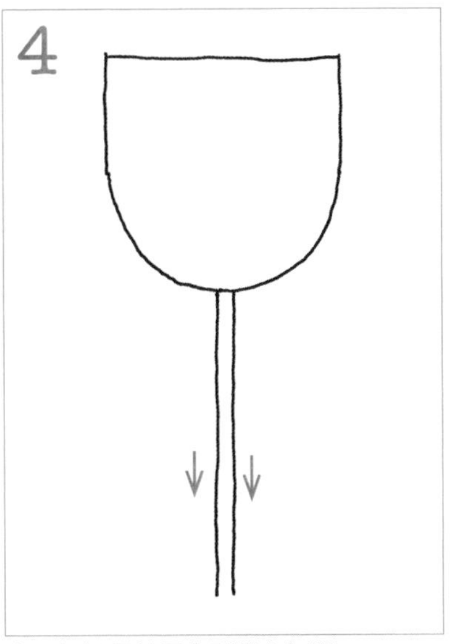

畫一個細長的長方形當作杯腳。

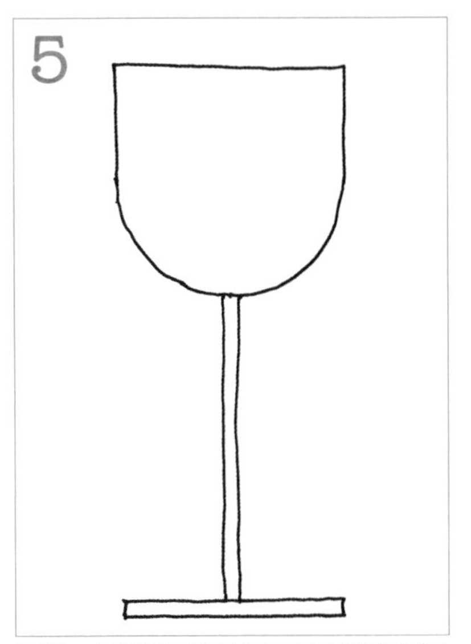

再畫一個橫躺下來的細長長方形當作杯腳底部。

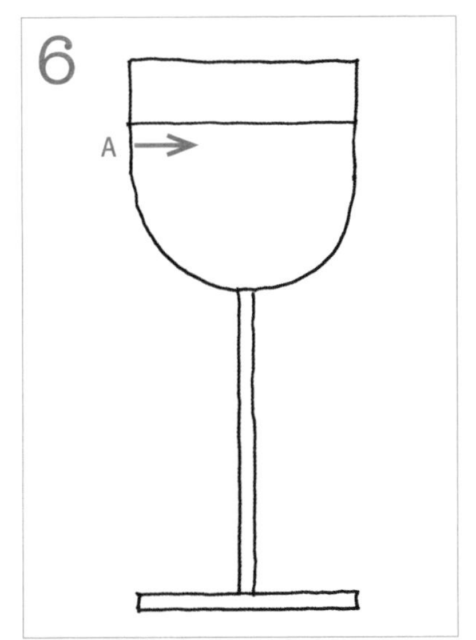

畫一條代表液體的水平線A，葡萄酒杯便完成了。

應用

也可以加上塗滿的效果，或是畫不同長度的杯腳，做出各式各樣的變化。

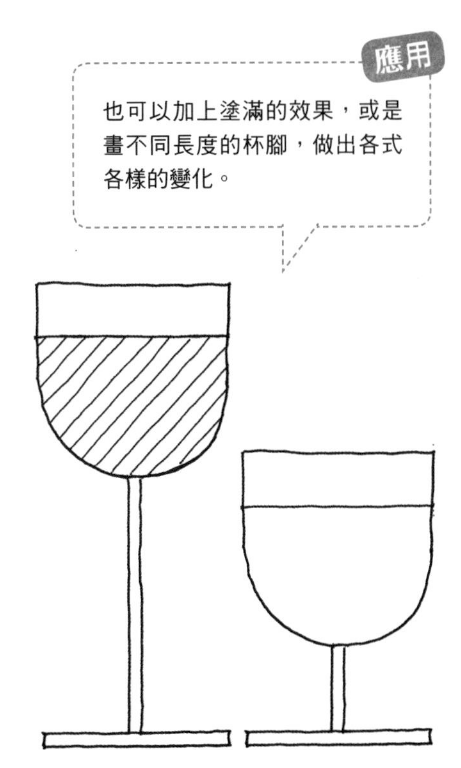

Part 4
07

畫一棟大樓

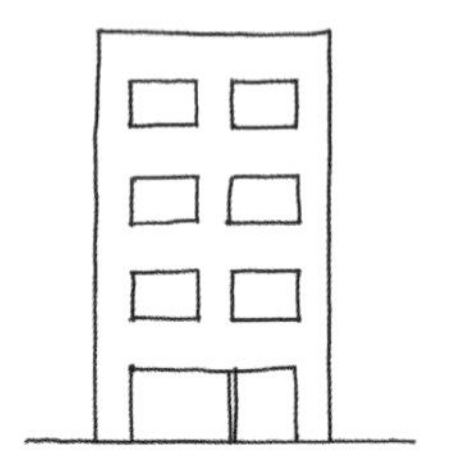

這個單元要畫的是大樓。其實只要排列組合長方形，就能畫出大樓。熟悉畫法之後，不妨再嘗試去畫各種不同造型的建築物。

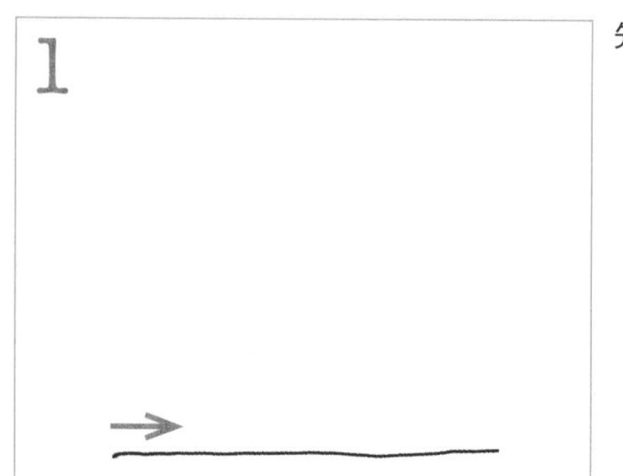

先畫一條水平線代表地面。

要畫建築物或樹木等與地面接觸的物體時，先畫出地面，其餘的部分就能夠憑藉直覺畫出來。

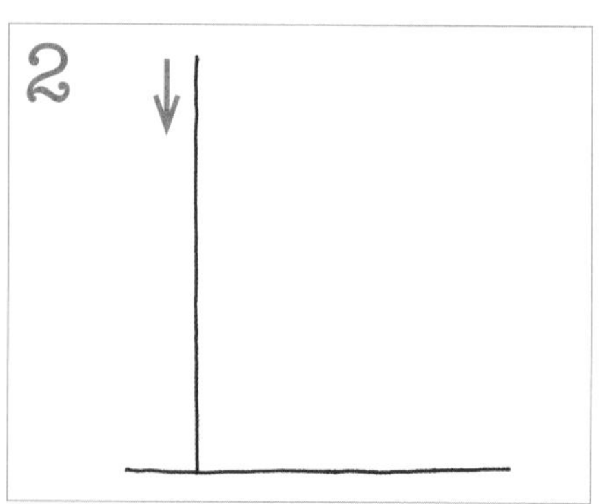

左側畫一條表示建築外牆的垂直線。

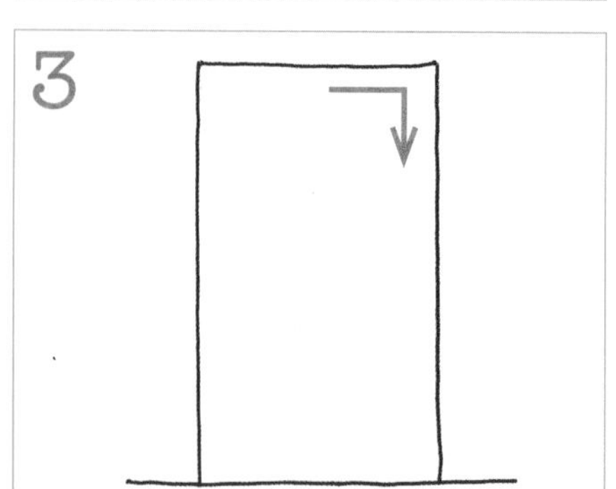

畫出建築物頂端的水平線與右側的垂直線。

小提醒

之後為了節省版面空間，有些地方會省略細節處的箭頭（→）。你只要參考之前學到的圖形畫法，依自己方便畫的順序來畫就行了。

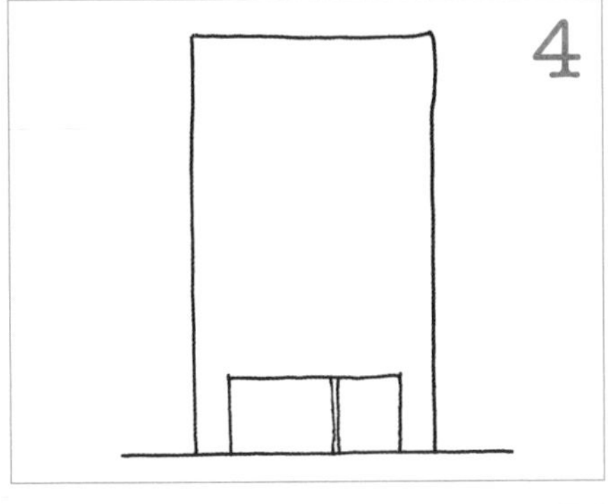

畫出代表入口的長方形。

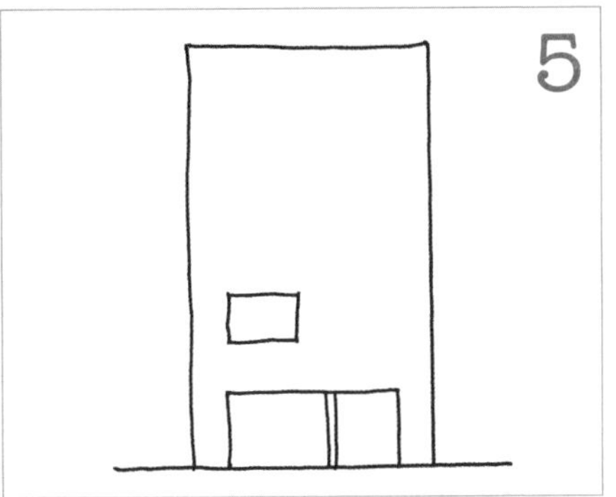

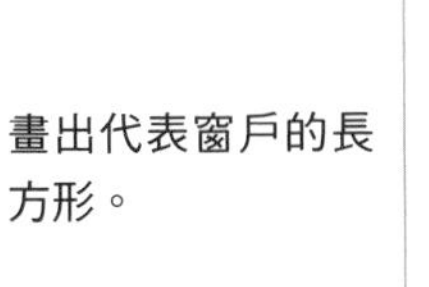

畫出代表窗戶的長方形。

以相等間距畫出6個整齊排列的窗戶，這樣便完成了。

應用

上手之後，可以在腦中想像各式各樣的大樓並試著畫出來。

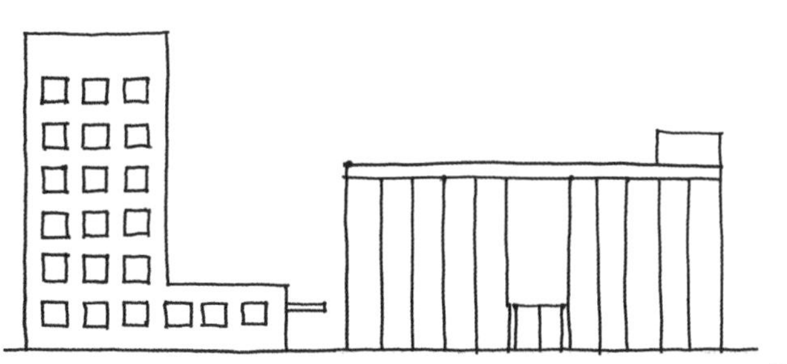

Part 4
08 畫一棟房屋

以p.64練習過的「房屋的形狀」為基礎，再加上一點□與△，就能畫出結構更複雜的房屋。

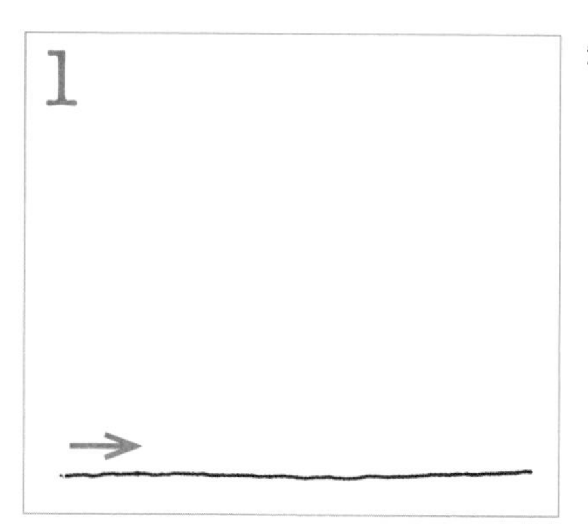

先畫一條水平線代表地面。

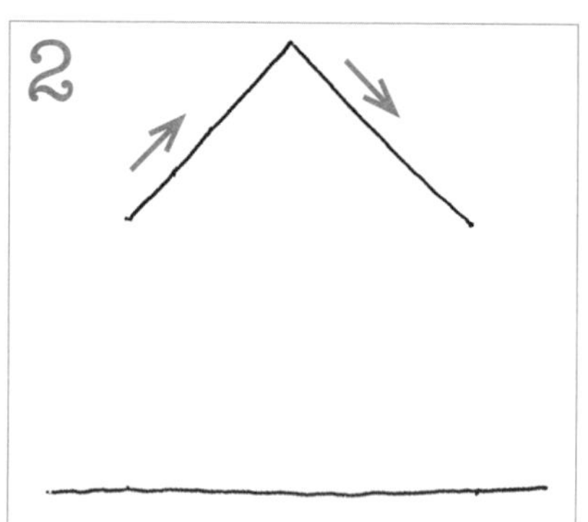

畫出當作屋頂部分的等腰三角形。

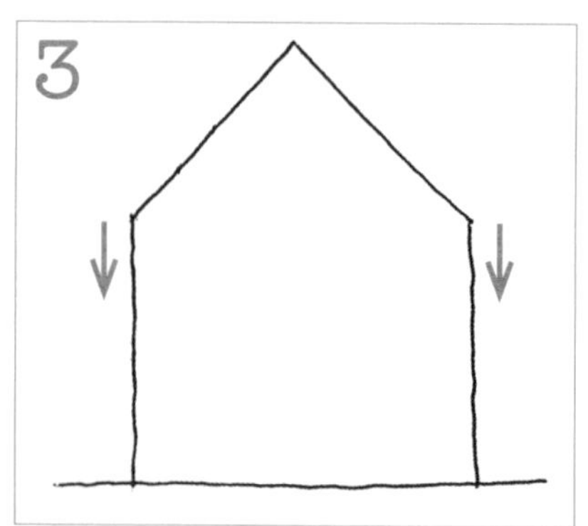

畫2條垂直線用來表示外牆。

畫一個小的等腰三角形與長方形用來代表入口。

畫出代表窗戶的正方形。

再畫一個長方形當作煙囪，這樣便完成了。

應用

上手之後，可以構思各種不同造型的房屋並試著畫出來。

Part 4
09

畫窗戶①

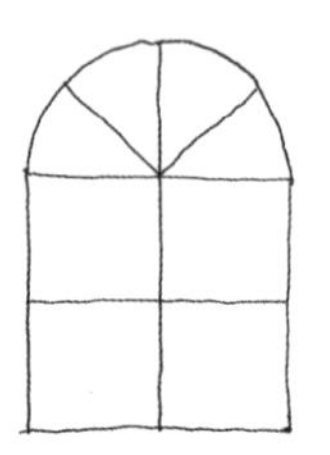

以半圓形與正方形為基礎，可以將房屋的窗戶畫得更精細。以下先練習簡單版本的西洋風窗戶。

1

從上方的半圓形部分畫起。

2

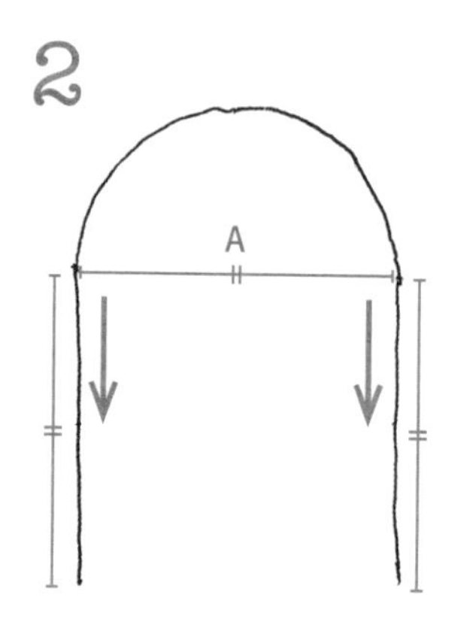

從步驟1的半圓形兩端，往下畫2條與A（半圓形的直徑）長度相同的垂直線。

3

畫水平線連接起步驟2的下端。

4

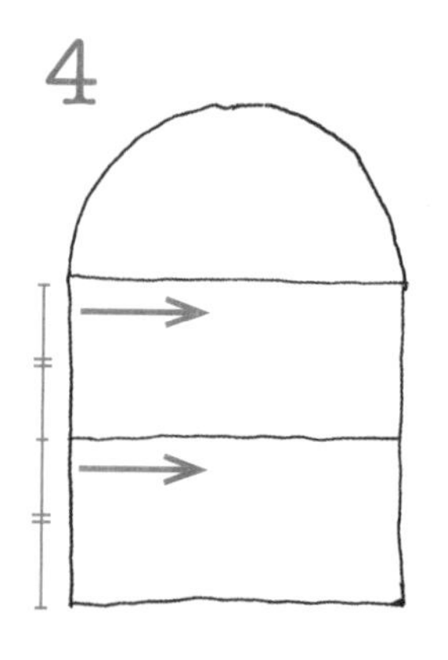

畫2條水平線。

5

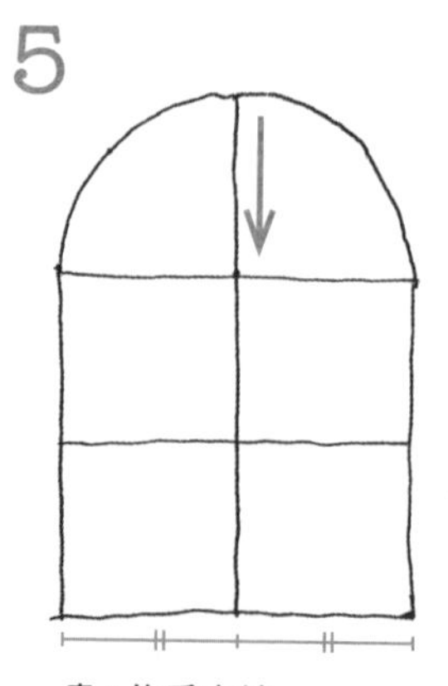

畫1條垂直線。

6

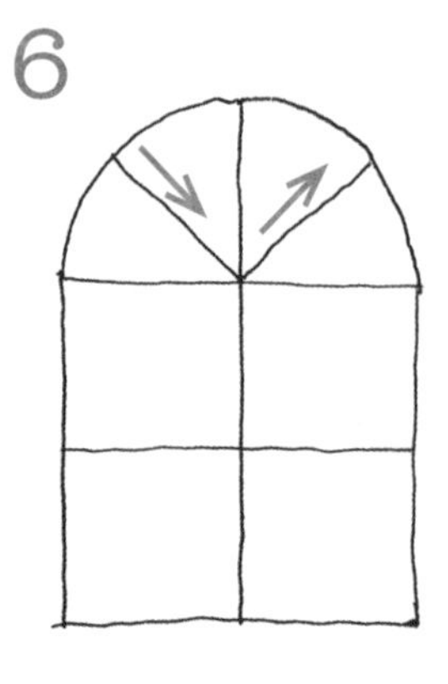

最後加上2條45度斜線便完成了。

畫窗戶②

接著則要練習幫前一個單元畫出來的窗戶加上「窗框」。學會這項技巧可以讓你畫的圖表現出更好的效果。

1

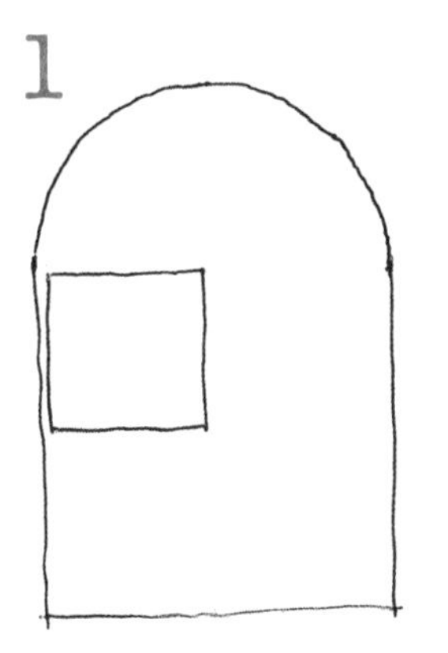

記住上一頁到步驟6為止畫出來的圖形，先畫到步驟3的狀態，接著畫上小正方形。描繪時不要碰到外圍的線條。

2

旁邊隔一點空隙，再畫一個正方形。

3

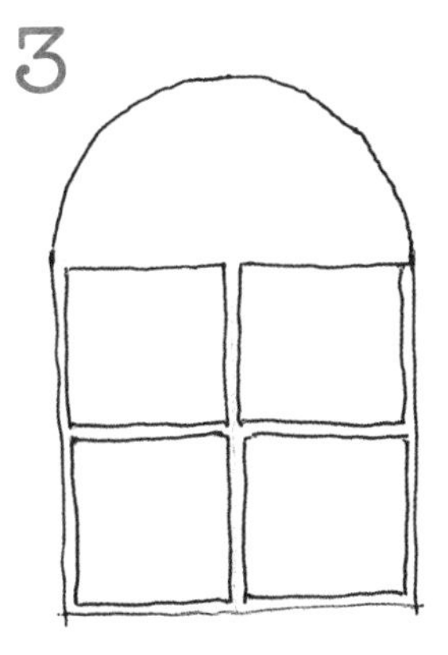

下方也以相同方式畫2個正方形。

4

畫出八分之一個圓，畫的時候小心不要碰到外圍的線條。

5

旁邊隔一點空隙，同樣再畫八分之一個圓。

6

最後便完成了。

Part 4
11

畫電車

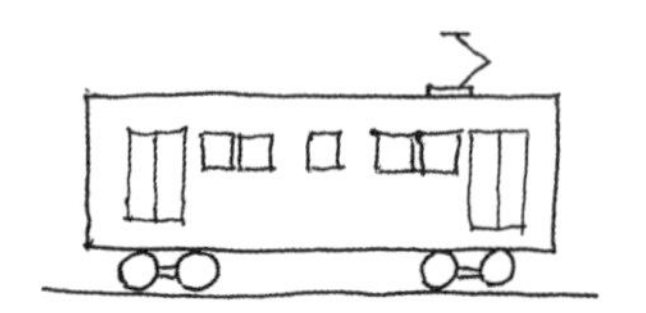

只要知道如何排列組合圖形，要畫電車也不是難事。電車的形狀乍看之下似乎很複雜，但其實只需要用長方形與正圓形就能畫出來，請跟著以下的說明練習。

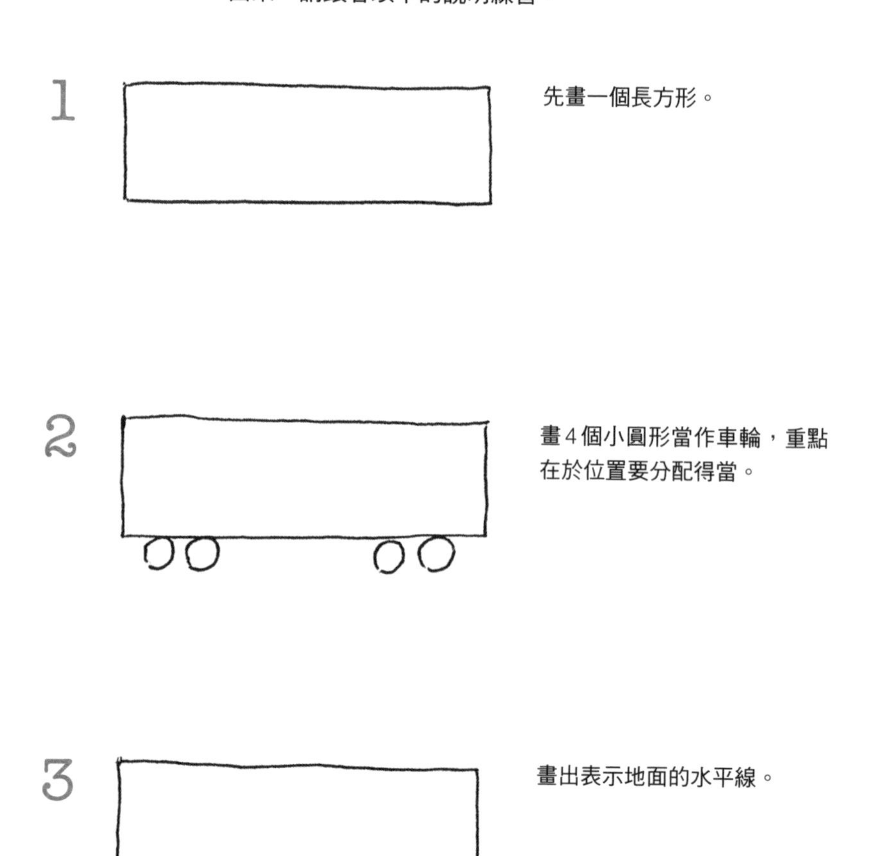

1 先畫一個長方形。

2 畫4個小圓形當作車輪，重點在於位置要分配得當。

3 畫出表示地面的水平線。

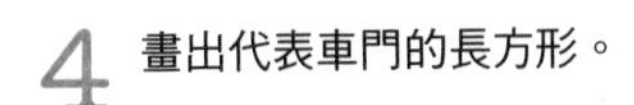

4 畫出代表車門的長方形。

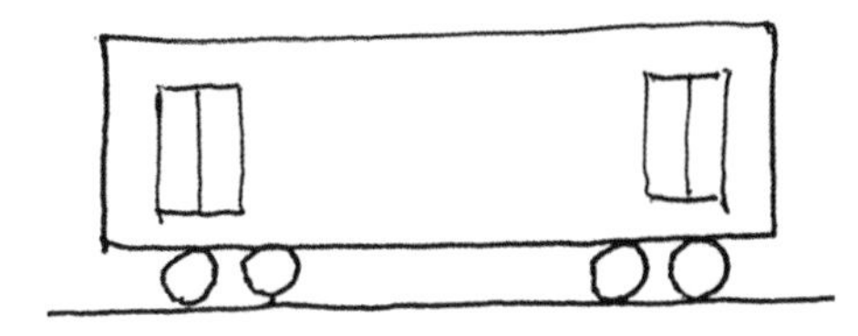

5 兩扇車門間畫5個正方形當作車窗。

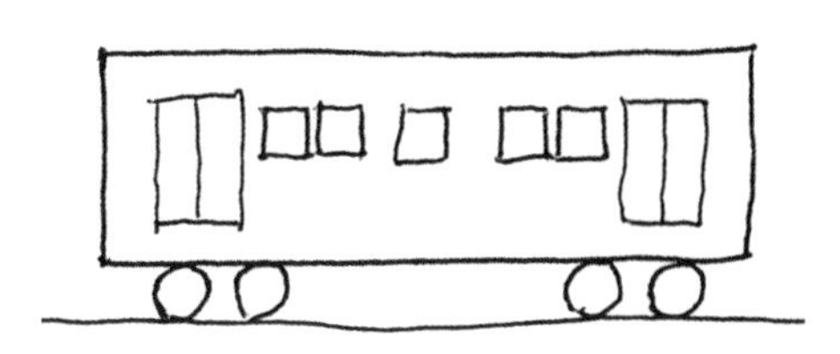

6 最後再畫上集電弓便完成了。車輪與車輪間加上線條連接起來會更加逼真。

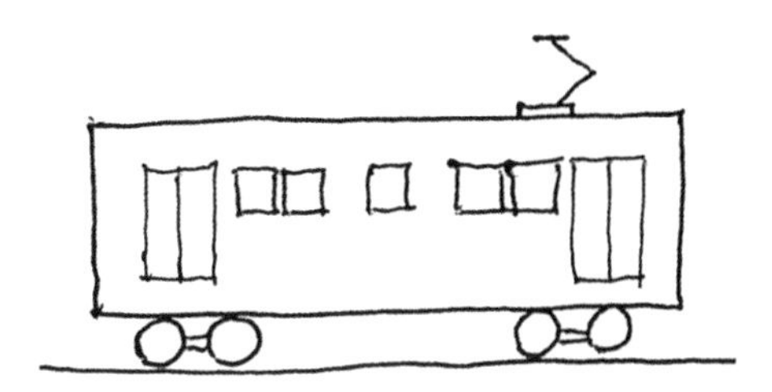

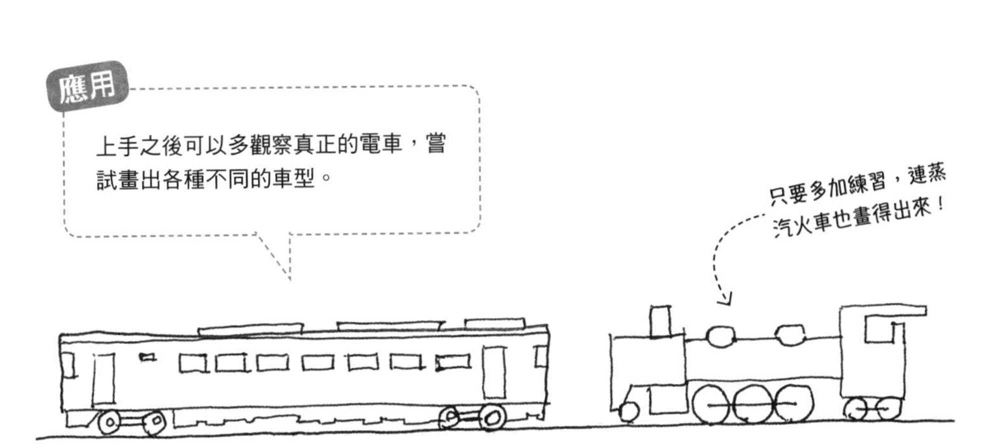

應用

上手之後可以多觀察真正的電車，嘗試畫出各種不同的車型。

練習畫配置圖、平面圖

在了解如何藉由排列組合圖形畫圖後，就可以來練習畫工廠的產線配置圖，或是辦公室的平面圖、動線圖之類較為複雜的圖了。

工廠的產線配置圖

工廠遇到突然要增加、更動產線等狀況時，將圖形排列組合起來，畫出類似 例1 、 例2 的圖能幫助討論的進行。

例1

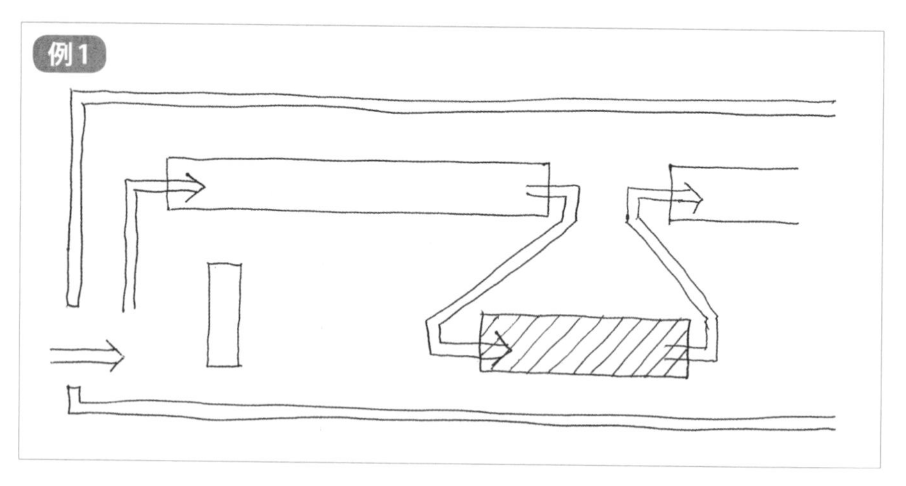

例2

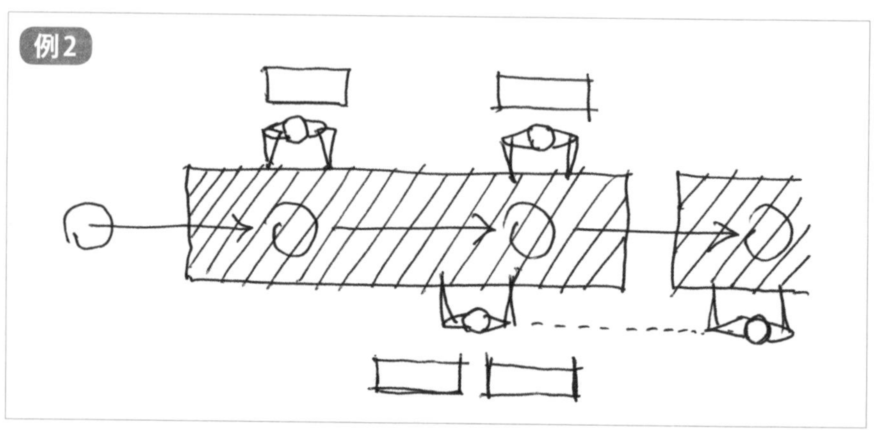

辦公室的平面圖

相信不論在哪個業界，都常會遇到要討論辦公室空間分配的狀況。下面的 例3 ～ 例5 是討論如何用隔板分配辦公室空間時畫的圖。

例3 畫的是最小的構成元素，例4 畫出了這些元素組合成的小隔間，而 例5 則進一步將小隔間組合起來，畫出辦公室整體的空間分配。

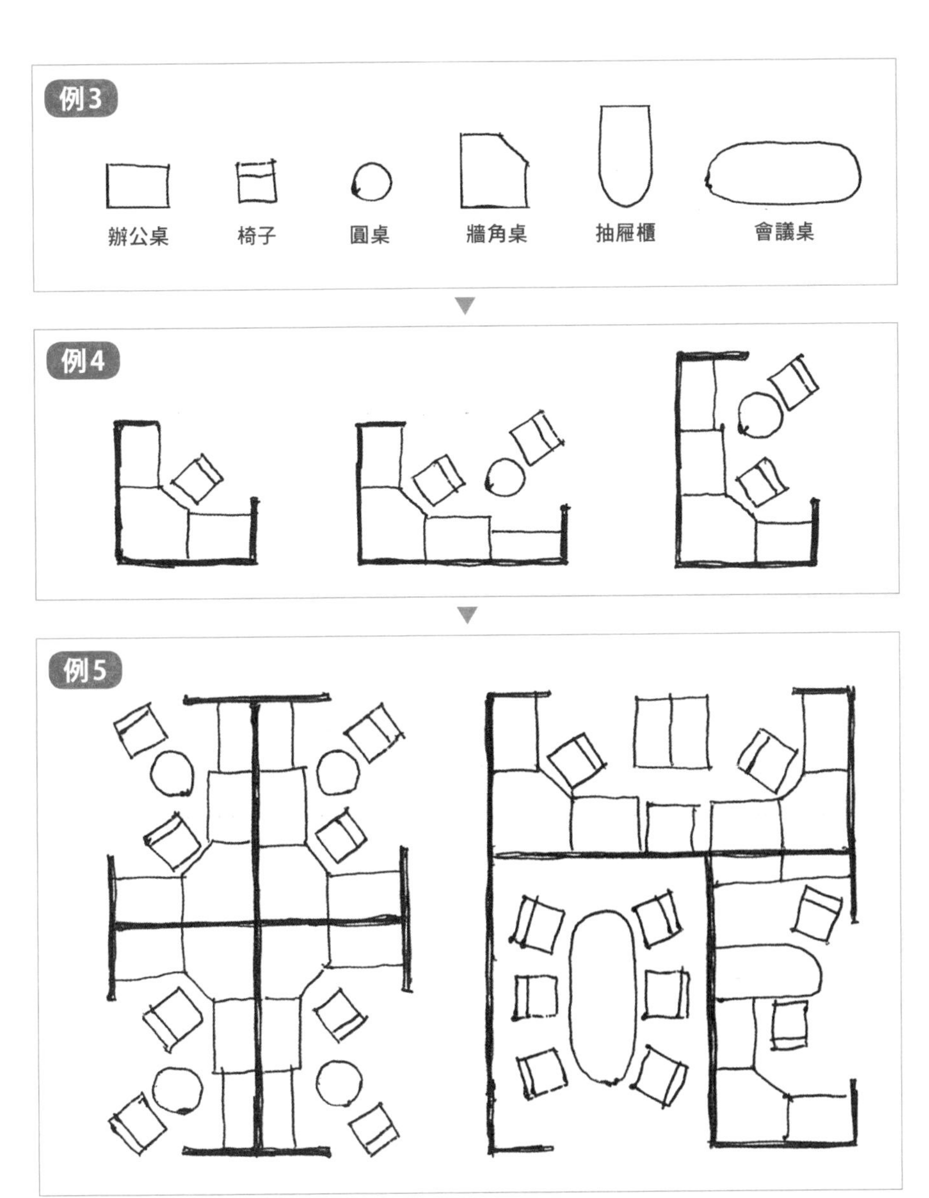

Column

畫圖時嘴巴也別停下來

當你都學會了本書教導的畫圖技巧後，自然會想要趕快在公司的會議等場合用出來，不過在此之前，我要先提醒一件事。

假設你正一面進行簡報，一面在白板上畫圖。請記住一件事，手上拿著麥克筆畫圖的同時，也要不時動嘴，幫自己畫的圖做補充說明。

本書的目的是教你如何將畫圖的效果發揮到極致，但不要因此就只依賴畫圖，請記得放一些心思在「開口說話」這件事上。「畫圖」與「說話」兩者都具有重要的作用，精準呈現想法的圖搭配口頭的補充說明，肯定能讓會議或簡報圓滿收場。

再假設另一種狀況：在簡報進行中，當你一面畫圖一面進行說明時，你發現自己的圖有地方畫錯了。或許你會覺得「白板上的圖是可以擦掉的，只要擦乾淨重畫就好了。」但在擦掉原本畫的圖時，其他人等於處在一種被晾著的狀態。有簡報經驗的人就會知道，這種狀態一旦持續下去，現場的氣氛就會很快冷卻下來，這可不是好事。

遇到這類狀況時不用慌張，只要在重新畫圖的同時開口說些話，讓其他人不至於感到無聊，就能維持氣氛的熱絡。「能在工作中派上用場的圖」與「說話技巧」兩者都要善加運用，才會發揮出最大的威力。

Part 5

練習畫
稍微複雜一點的圖

相信你已經在Part 4學會了如何藉由排列組合單純的圖形畫出簡單的圖。

接下來則要加上一些變化，練習畫更複雜一點，也更加實用的圖。

雖然比較複雜，但這一章畫的圖都是平面的，一點也不難（Part 6開始才會說明如何畫出立體的圖）。

這一章的目標是讓你有辦法隨心所欲、自由自在地畫出日常生活中常見的物品（文具、餐具、樹木等）。

Part 5
01

讓「圖形」變成「圖畫」的表現技巧

上一章說明了如何將單純的圖形排列組合為簡單的圖，但如果只懂得這項技巧，能夠表現的題材會相當有限。只需要增添一些變化，你就能畫出更具實用性的圖，工作時也更能派得上用場。

基本技巧①：將「硬梆梆的直線」變成「柔和的曲線」

只是直接把圖形畫出來的話，線條會是「硬梆梆的直線」。如果稍加修改，畫成「柔和的曲線」，感覺會更加自然。這項技巧會在p. 84進一步詳細說明。

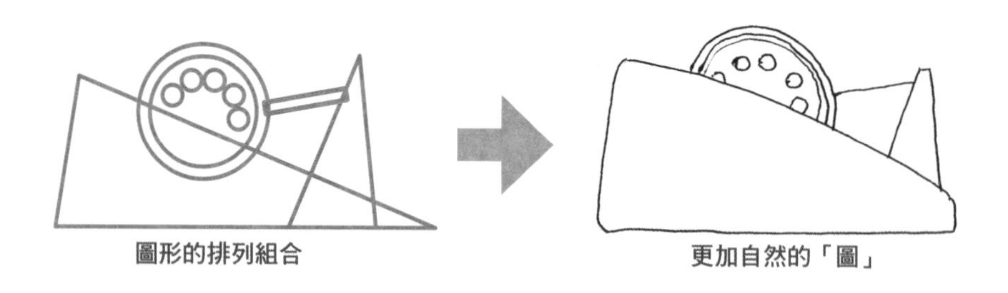

圖形的排列組合　　更加自然的「圖」

基本技巧②：將「單純的圖形」變成「有生命力的圖」

把原始的圖形當作構圖的「基礎」，在此基礎之上以自由的線條做出變化，就能讓「單純的圖形」變成「有生命力的圖」。這項技巧會在p. 88進一步詳細說明。

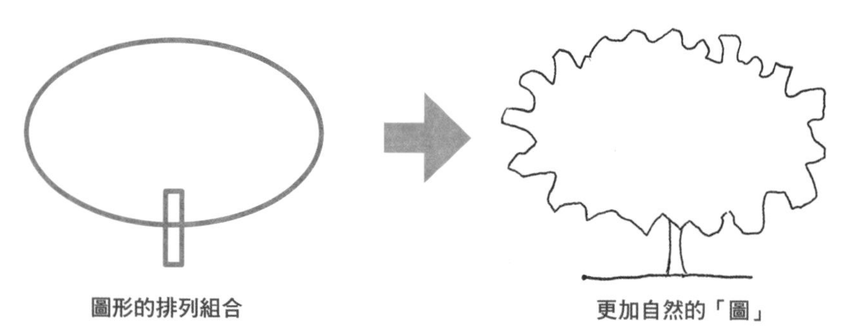

圖形的排列組合　　更加自然的「圖」

應用技巧：增添裝飾性元素

只要懂得運用上一頁的2項基本技巧，就能畫出具有相當水準的圖，但如果要讓人印象更深刻，則需要加上一些裝飾性元素。以下是用p.72畫的圖當作範例，示範如何增添這些元素。工作時可能不太有機會在圖中畫出太細緻的裝飾，但這項技巧還是值得學起來。

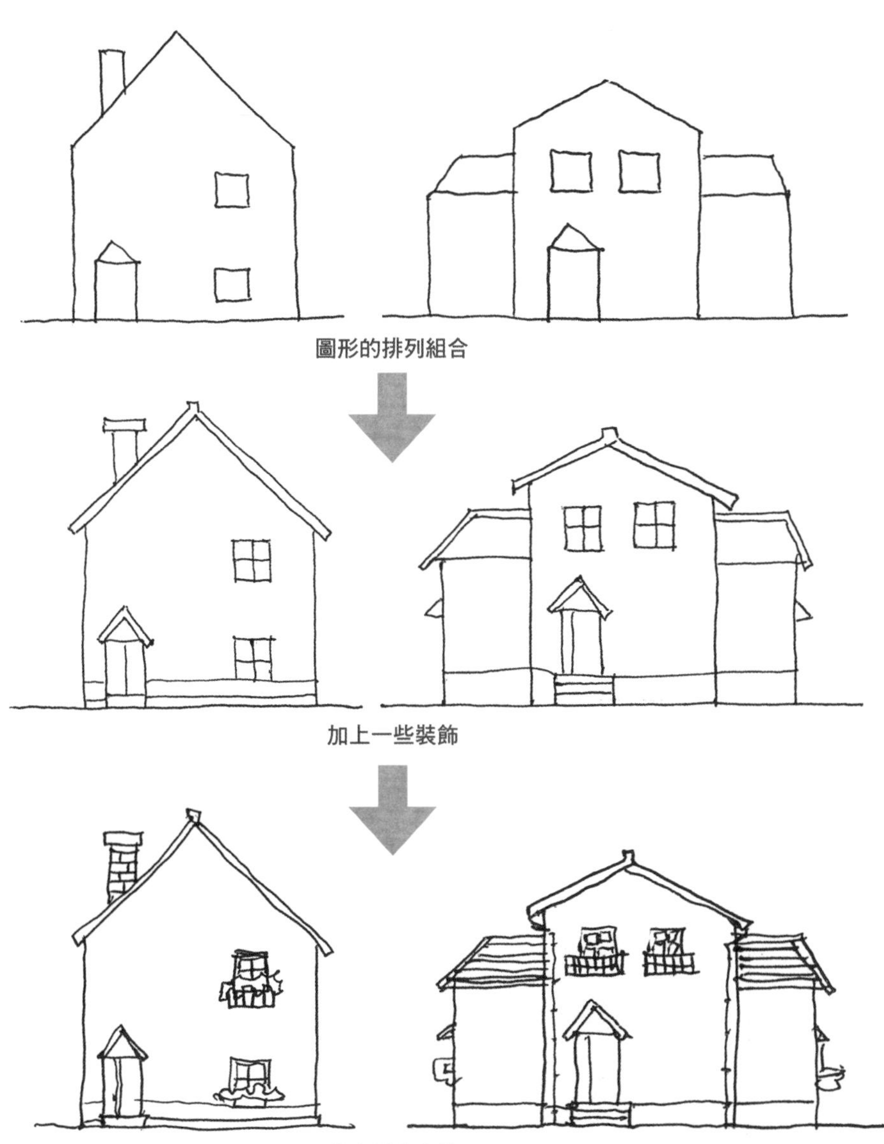

Part 5
02

將「硬梆梆的直線」變成「柔和的曲線」

第一項基本技巧，是畫出「柔和的曲線」。如果只是將圖形排列組合起來，畫出來的圖一定會生硬不自然。但只要將線條修飾成「柔和的曲線」，感覺就會自然許多。以下會介紹如何實際運用這項技巧。

①將物體拆解為單純的圖形

首先，用上一章教過的方法，將你要畫的東西拆解為單純的圖形（○△□），這邊是用膠台當作例子。

先觀察圖中這個真正的膠台。

思考這個膠台是哪些圖形組合而成的，形狀不用符合到分毫不差的地步，只要是你覺得最相近的圖形就行了。

②對圖形做出調整

針對步驟①拆解出的圖形做出必要的修飾。也就是以原本的圖形為基準，去除多餘的部分，或將線條修成帶圓弧的曲線等。

這是膠台拆解為圖形（○△□）的狀態。如果只是這樣畫，會給人一種太過死板、硬梆梆的感覺。

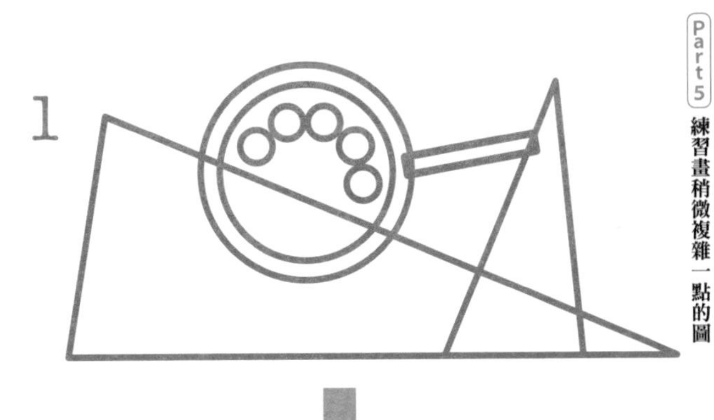

因此要在原本的圖形上做一些變化。在這個例子中，包括了去除圖形多餘的部分、將尖角修得較為圓潤、把直線畫成柔和的曲線等。請多觀察實際的物品，試著調整出你自己的風格。

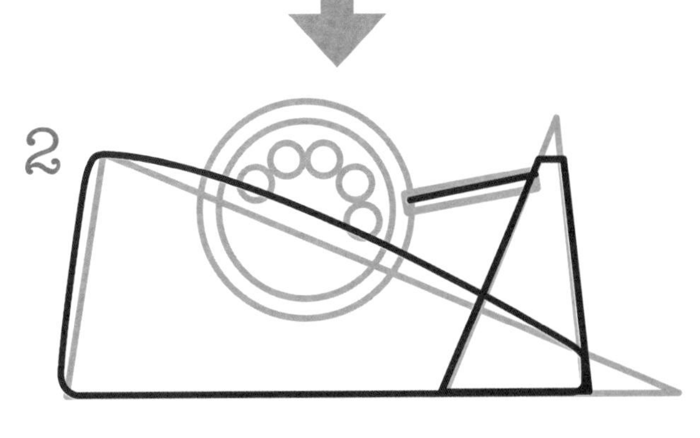

這是實際畫出來的圖。整體看起來柔和而帶有弧度，顯得更加自然。

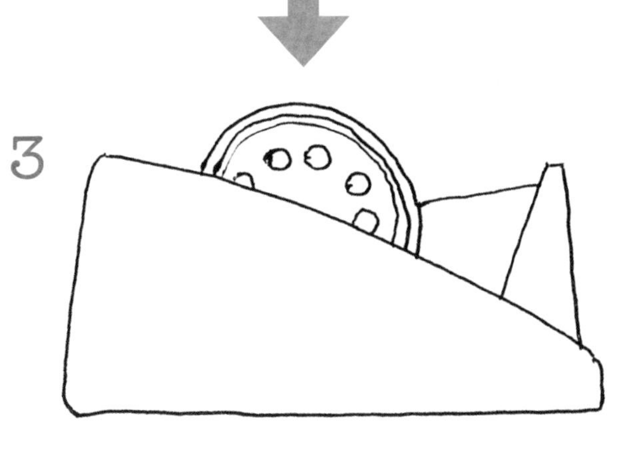

Part 5
03

用「柔和的曲線」畫咖啡杯

這個單元要來練習用「柔和的曲線」畫出線條帶有弧度的咖啡杯。在這裡要用到的是帶有些許角度，以及帶有弧度的線條，而非單純的直線及圓形。請一步一步跟著練習。

對圖形的排列組合做調整

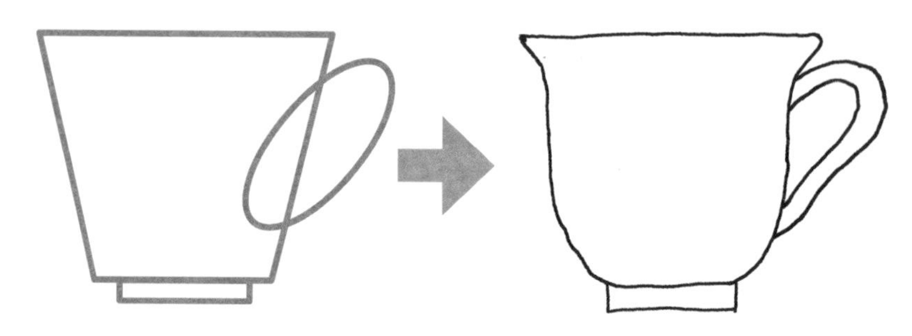

咖啡杯是梯形、長方形、橢圓形組成的。

讓線條帶有些許弧度，用柔和的曲線來表現杯身及杯把的形狀。

練習畫柔和的曲線

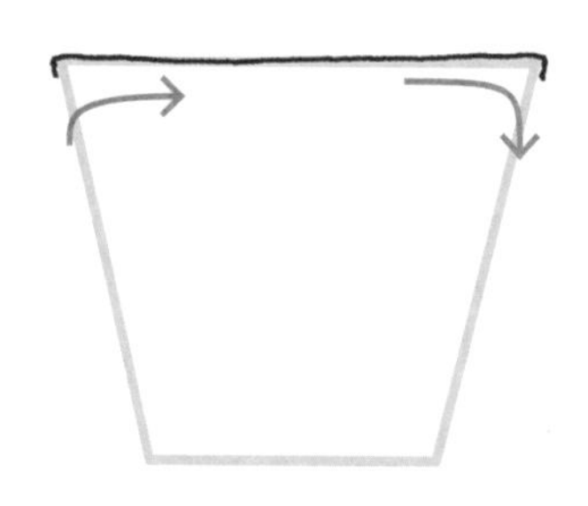

畫出杯身頂端的線條，兩端要畫得稍微圓潤。

2

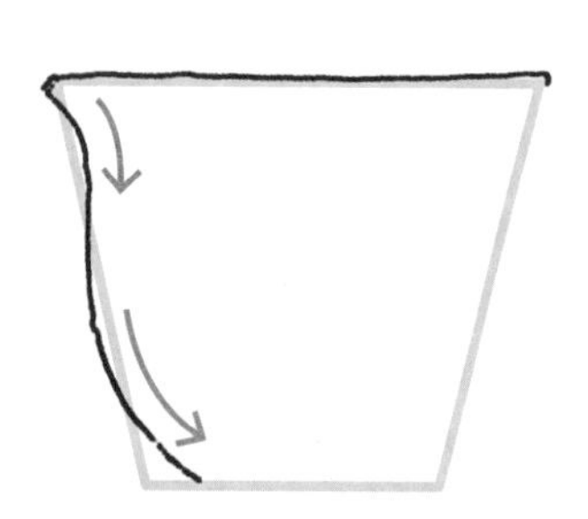

用柔和的曲線來畫杯身左側的線條。

3

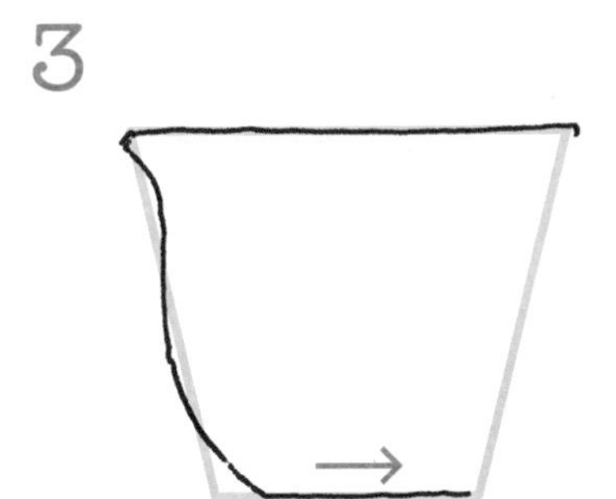

畫出杯身底端的水平線。

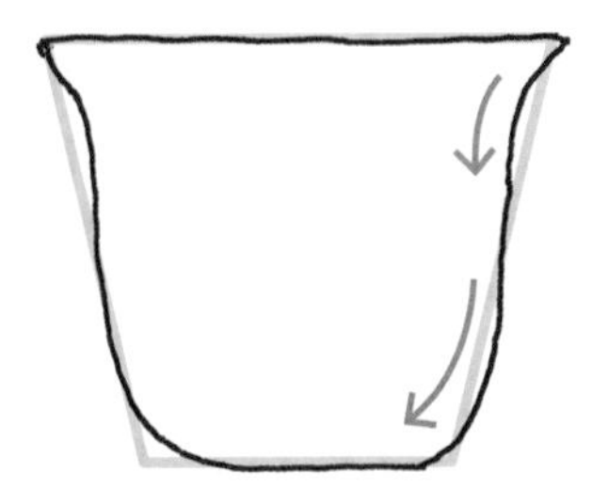

用柔和的曲線畫出杯身右側的線條，並且要與步驟 2 畫的線條左右對稱。

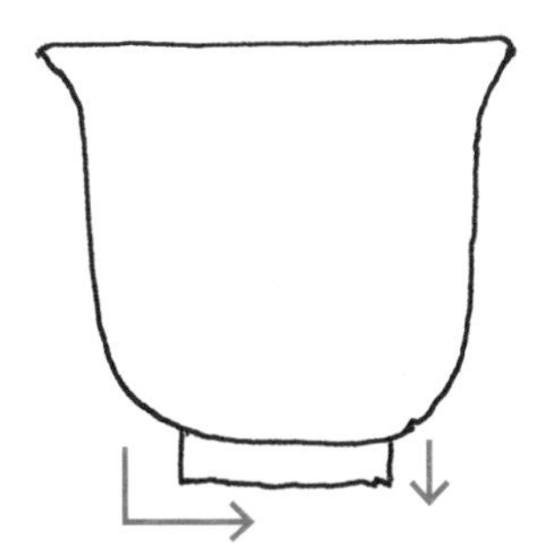

畫出代表杯底的線條。

6

用柔和的曲線畫出把手。

失敗案例

如果步驟 2 與 4 的曲線沒有左右對稱，看起來會像是被壓扁了一樣。

7

這樣便完成咖啡杯了。

Part 5
04

將「單純的圖形」變成「有生命力的圖」

有別於杯子之類的人工物品，在畫樹木等具有生命的對象時，需要知道一些調整的訣竅。以下會一步一步說明。

①先將物體拆解為單純的圖形

粗略來看，闊葉樹可以拆解成橢圓形與長方形的組合。

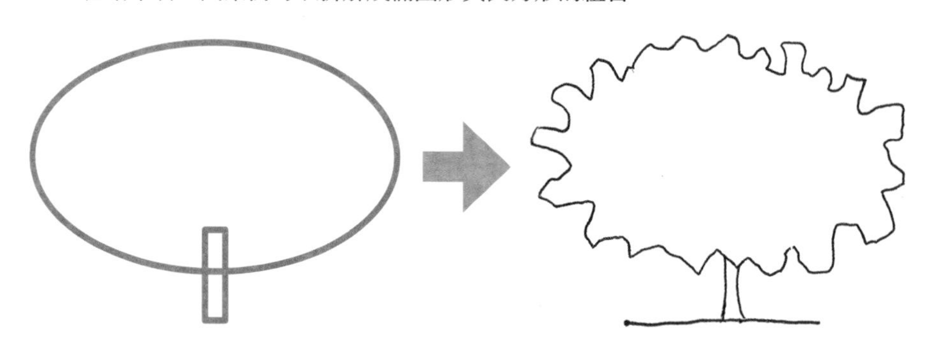

②樹葉部分：沿著圖形畫出不規則的凹凸線條

沿著橢圓形大膽畫出不規則的凹凸線條，表現闊葉樹的整體輪廓。不需要畫得太整齊漂亮，一鼓作氣隨興地畫下去感覺會比較自然。

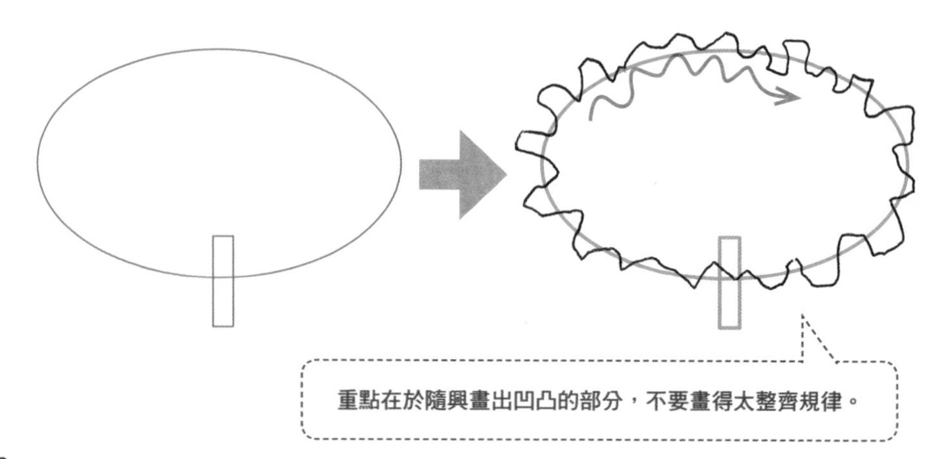

③樹幹部分：以圖形為基礎畫出實際的樣貌

實際的樹幹下方較粗，往上會逐漸變細。請記住這一點，在長方形的基礎上畫出樹幹。

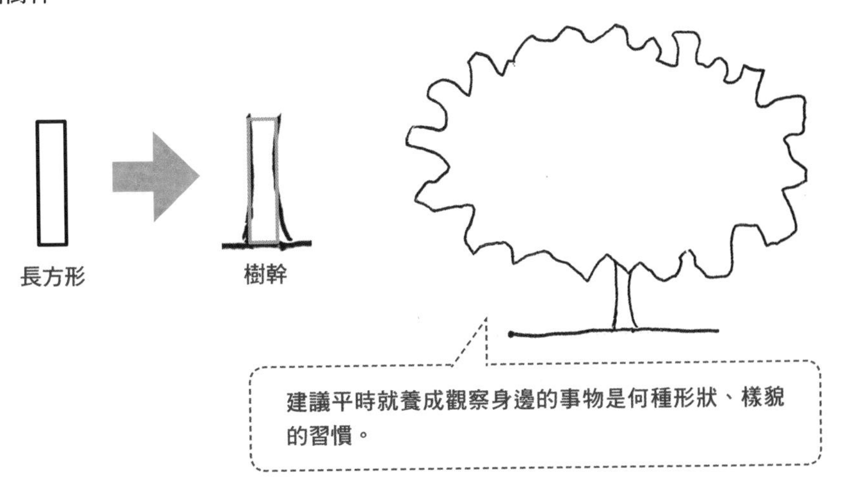

建議平時就養成觀察身邊的事物是何種形狀、樣貌的習慣。

④做出更多修飾

在步驟③完成的圖便足以表現出闊葉樹的感覺，不過細節處若是再用心做一些處理，畫出來的闊葉樹會更加自然逼真，請參考以下說明。

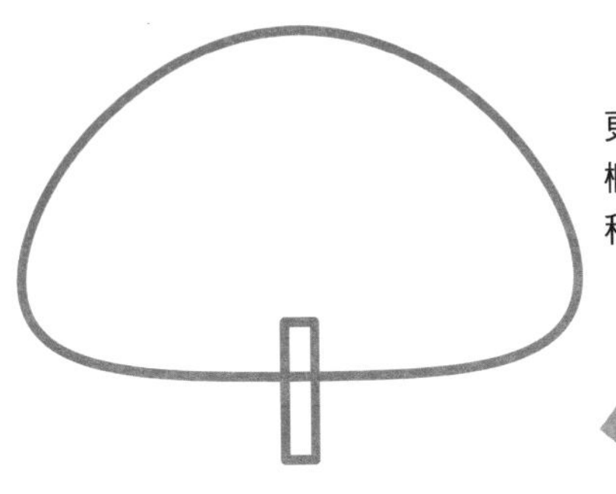

更仔細觀察闊葉樹的話，會發現比起橢圓形，其實樹葉部分的形狀更像是稍微塌下來的肉包。

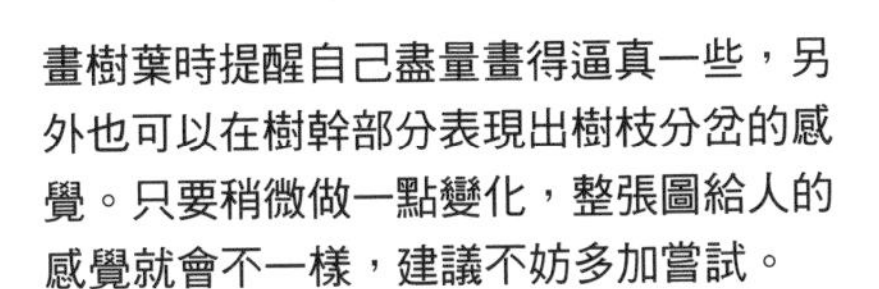

畫樹葉時提醒自己盡量畫得逼真一些，另外也可以在樹幹部分表現出樹枝分岔的感覺。只要稍微做一點變化，整張圖給人的感覺就會不一樣，建議不妨多加嘗試。

Part 5
05

練習畫「具有生命力」的針葉樹

這個單元要介紹如何畫出自然、有生命力的針葉樹。在表現的技巧方面，針葉樹比闊葉樹更為簡單。

在圖形的排列組合上做出變化

針葉樹是由等腰三角形（葉子）與長方形（樹幹）組合而成。

在三角形內側畫出鋸齒狀線條。

這樣便完成針葉樹了。

畫的時候記得，下方的鋸齒較大，愈往上則要畫得愈小。

其他版本的表現方式

不同的表現手法帶來的感覺也不一樣。

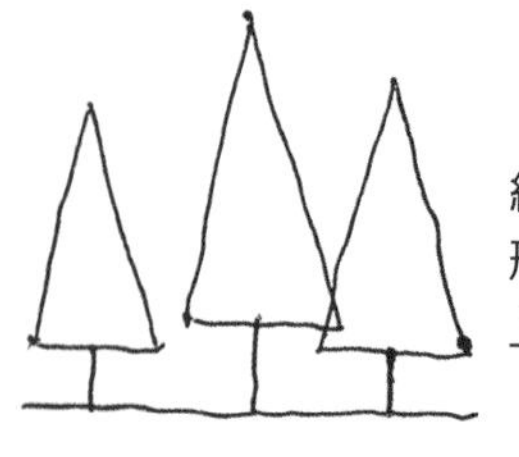

維持單純的圖形，但在大小上做變化。

在單純的圖形中加上塗滿效果。

練習畫街景

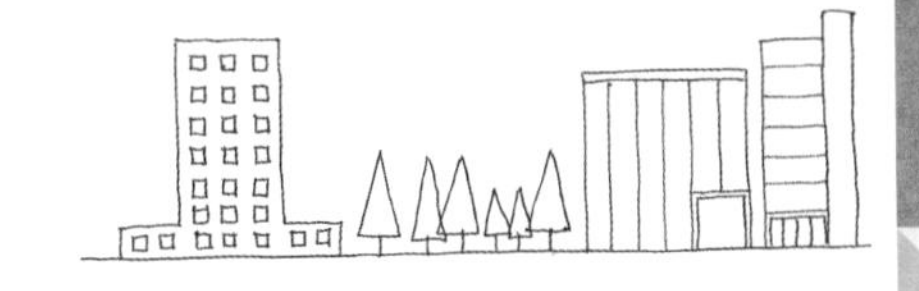

學會畫大樓（p.70）、房屋（p.72）、樹木（p.88、p.89）之後，就有辦法畫出街道的景觀了。請留意建築物與樹木之間的比例在不同地區的街道呈現出的差異，照著範例練習畫出來。

沿街有許多3～4層店面建築的商業區。

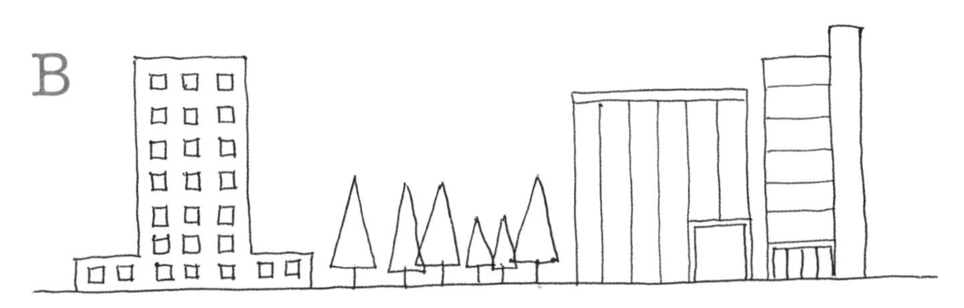

市中心辦公大樓林立的區域。針葉樹是以最簡單的圖形表現。

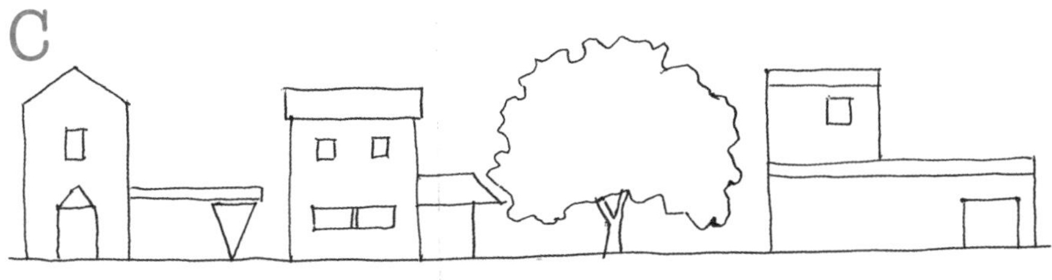

以低樓層住家為主的住宅區，闊葉樹會顯得比較大。

Part 5
07

練習畫蔬菜、水果

這個單元開始，將以圖形的排列組合為基礎，並搭配些許修飾技巧，練習簡單畫出日常生活中常見的各種物品。蔬菜、水果這個類別中首先要練習畫的是櫻桃。

練習畫櫻桃

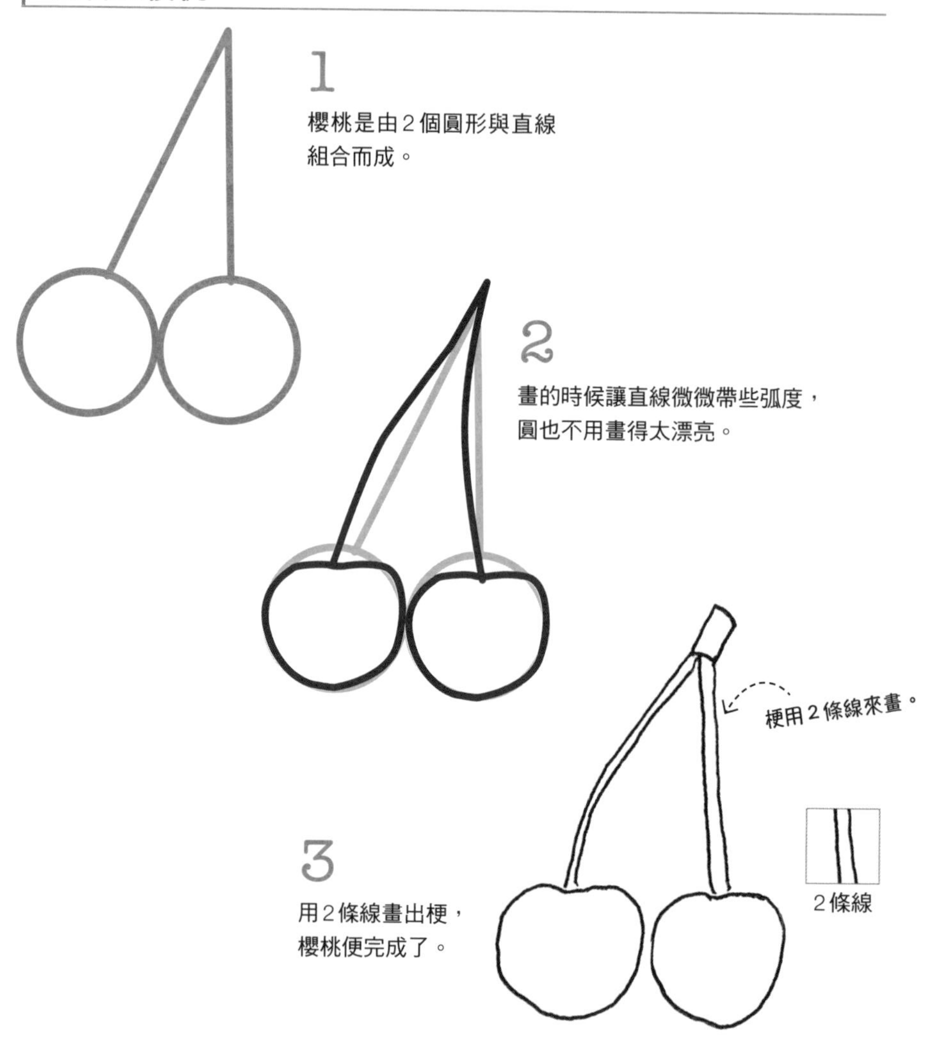

各式各樣的蔬菜、水果

接下來繼續以圖形的排列組合為基礎，搭配表現的技巧，畫出各種不同的蔬菜、水果。形狀就算沒有畫得很完美也不用在意，請多加練習。

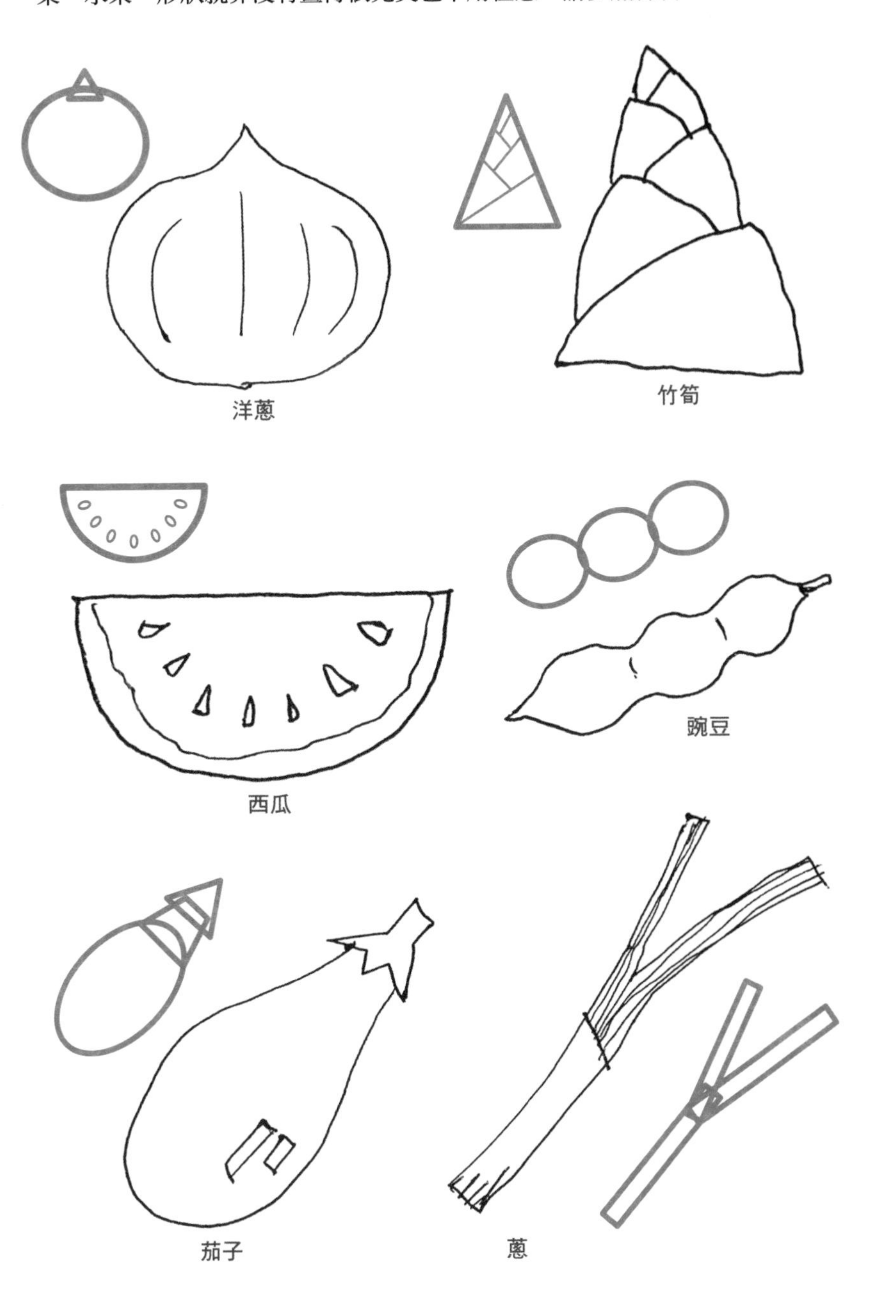

Part 5
08 練習畫文具

第一個要練習畫的文具是原子筆。先畫出整體的形狀，然後描繪裝飾品等細節部分。

練習畫原子筆

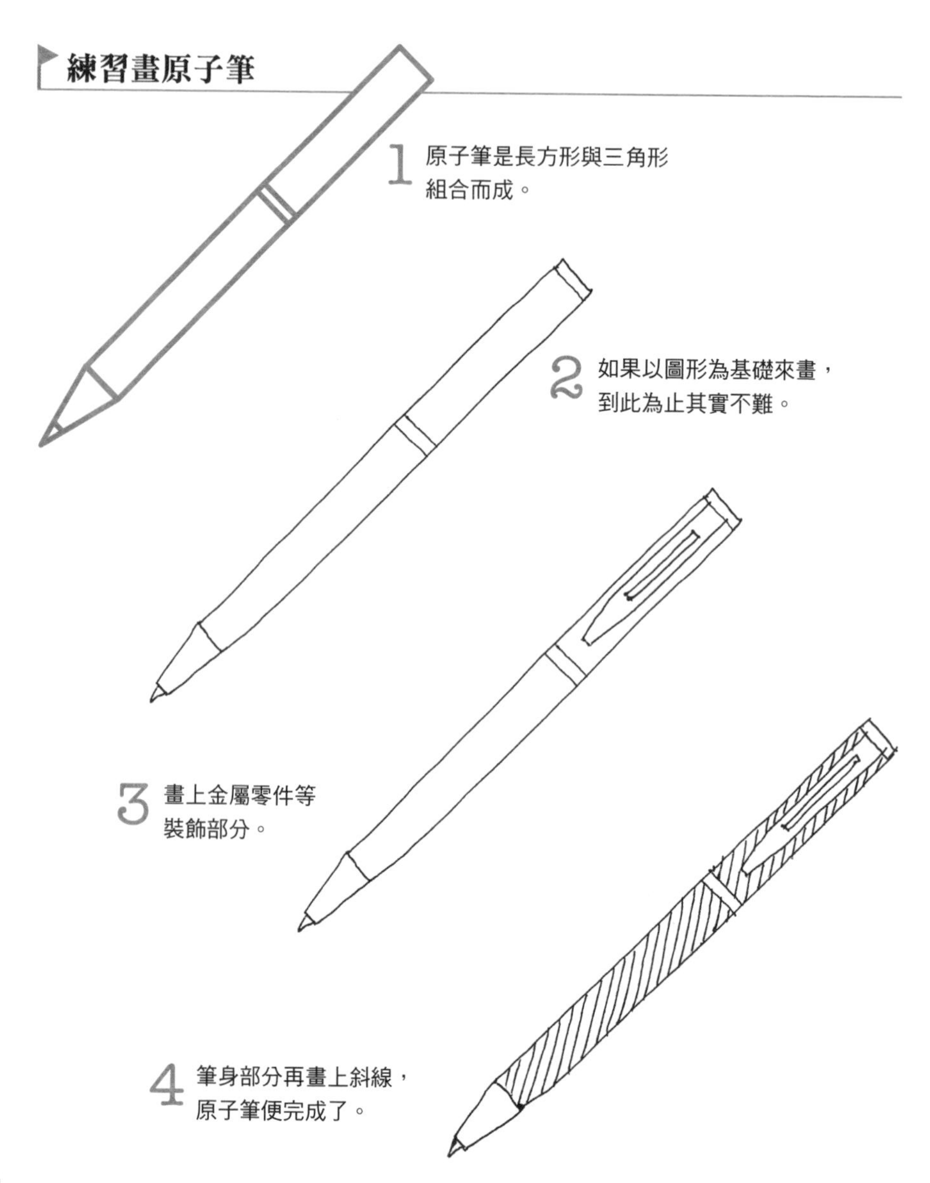

1 原子筆是長方形與三角形組合而成。

2 如果以圖形為基礎來畫，到此為止其實不難。

3 畫上金屬零件等裝飾部分。

4 筆身部分再畫上斜線，原子筆便完成了。

各式各樣的文具

接下來繼續以圖形的排列組合為基礎，搭配表現的技巧，畫出各種不同的文具。由於平行構成的元素較多，畫的時候請提醒自己平行線要畫得整齊。

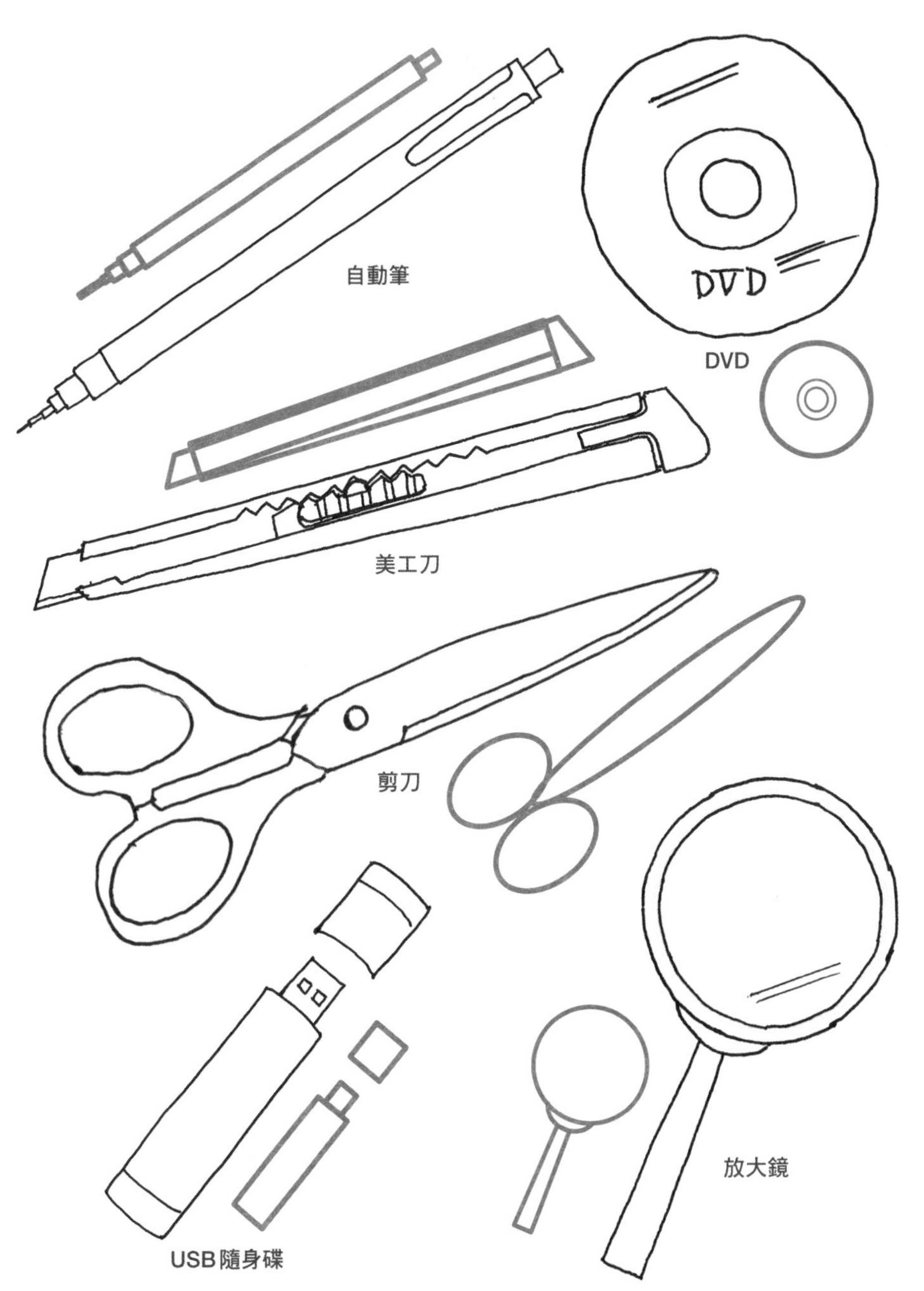

Part 5
09

練習畫日常用品、小東西

在日常用品之中，第一個要練習畫的是對商務人士而言非常熟悉的手錶。

練習畫手錶

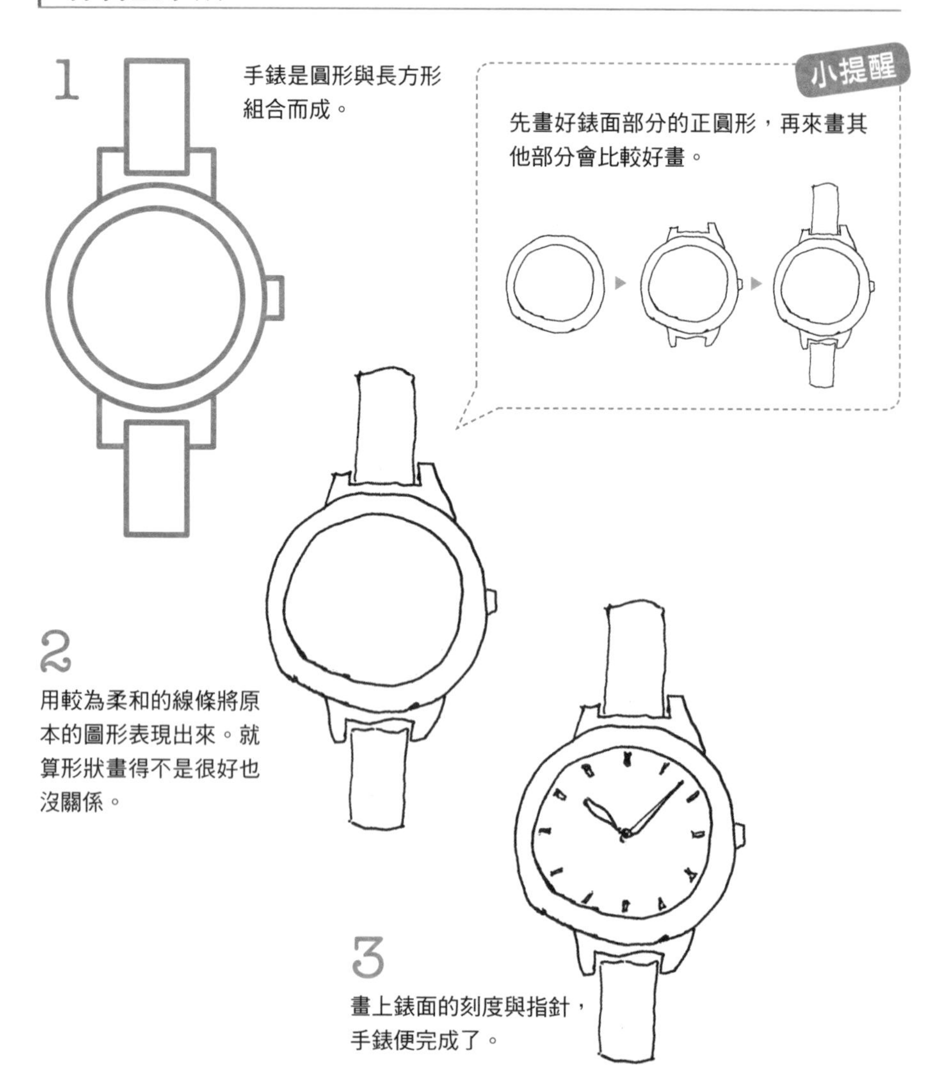

各式各樣的日常用品、小東西

接下來繼續以圖形的排列組合為基礎，搭配表現的技巧，畫出各種不同的日常用品、小東西。每種物品的連接處與裝飾物等細節部分各有不同特色，建議仔細觀察加以表現出來。

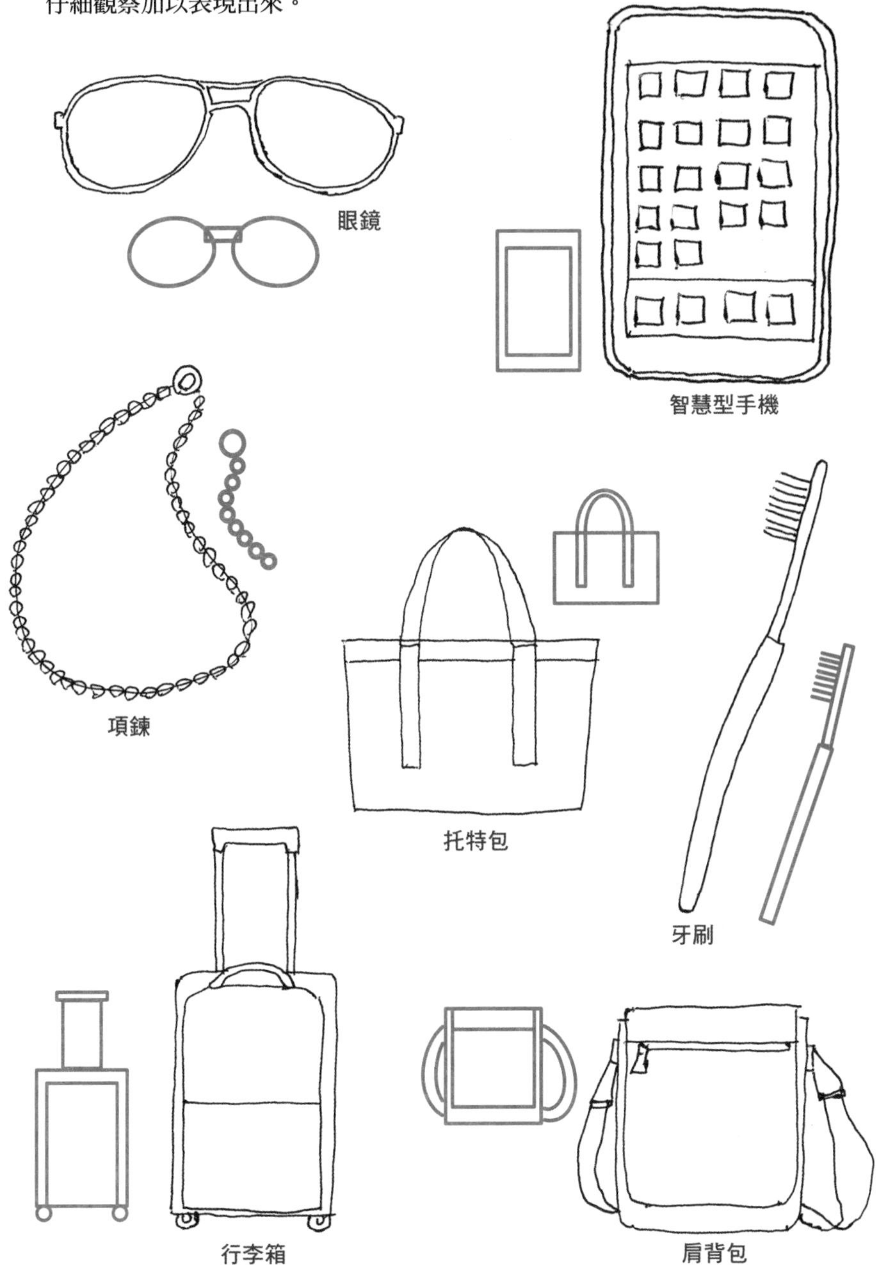

Part 5 10

練習畫各類廚房用品

在各類廚房用品之中，首先要來練習畫威士忌酒瓶。工業製品比較多可以用相對剛硬的線條畫出來的物品。

練習畫威士忌酒瓶

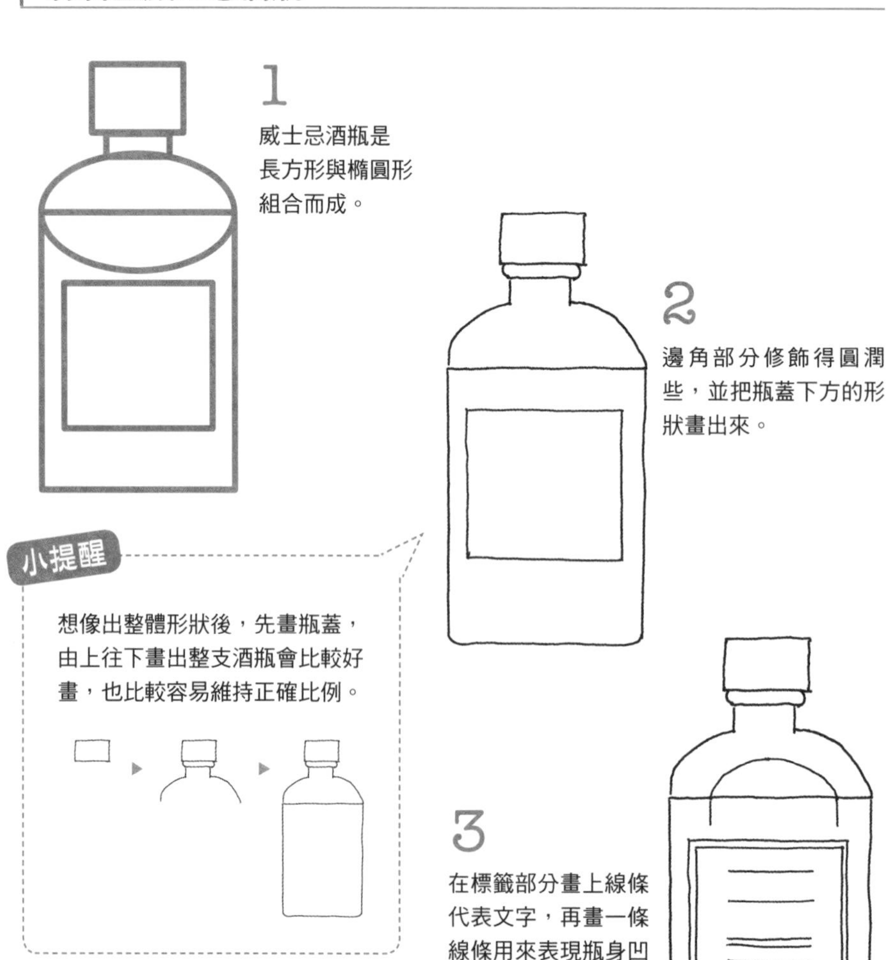

各式各樣的廚房用品

接下來繼續以圖形的排列組合為基礎，搭配表現的技巧，畫出各種不同的廚房用品。廚房用品的外型通常曲線較多，建議善加利用柔和的弧線加以表現。

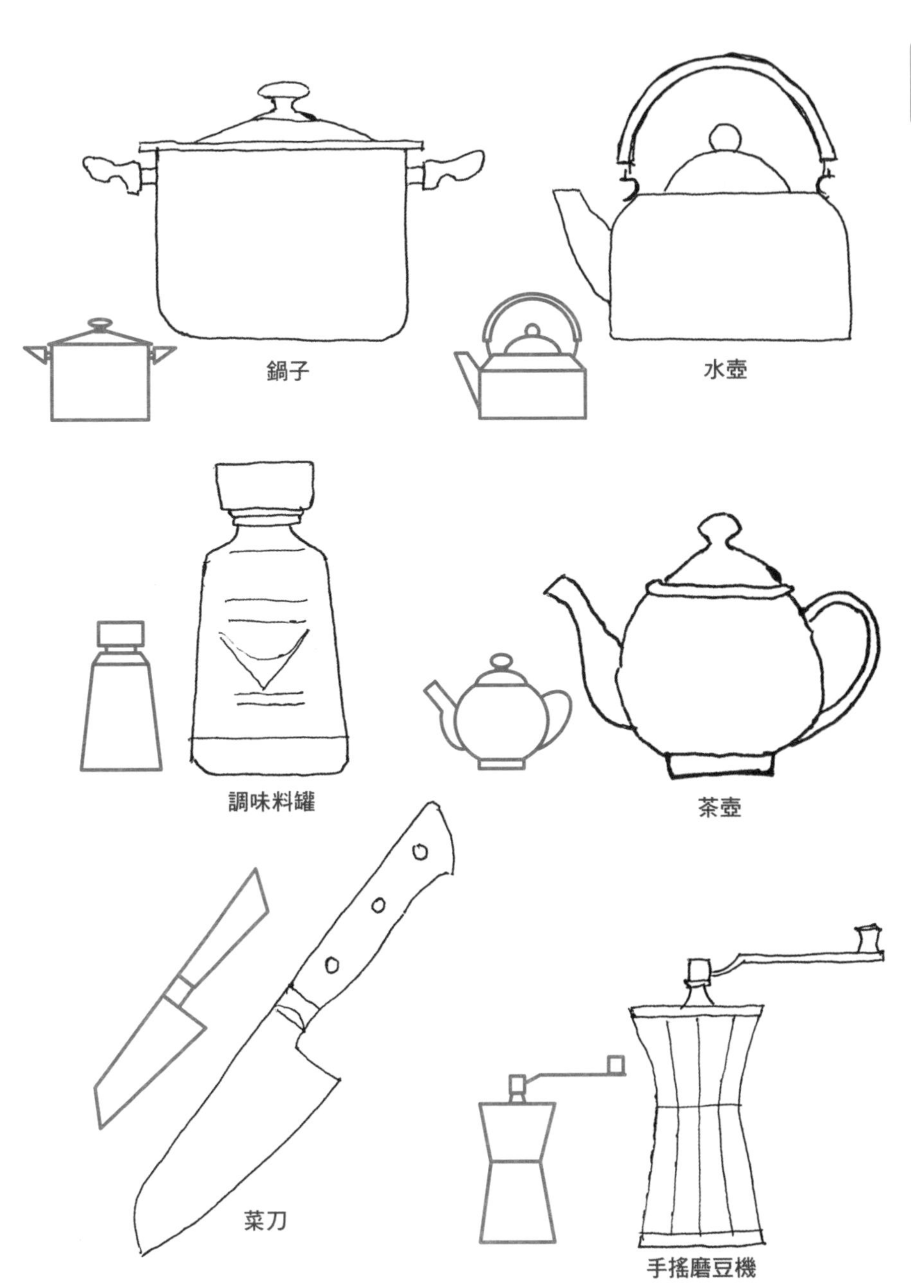

Part 5
11
練習畫服飾、配件

在各類服飾之中，首先要練習畫睡衣。畫的時候記得設法表現出布料的柔軟質地。

練習畫睡衣

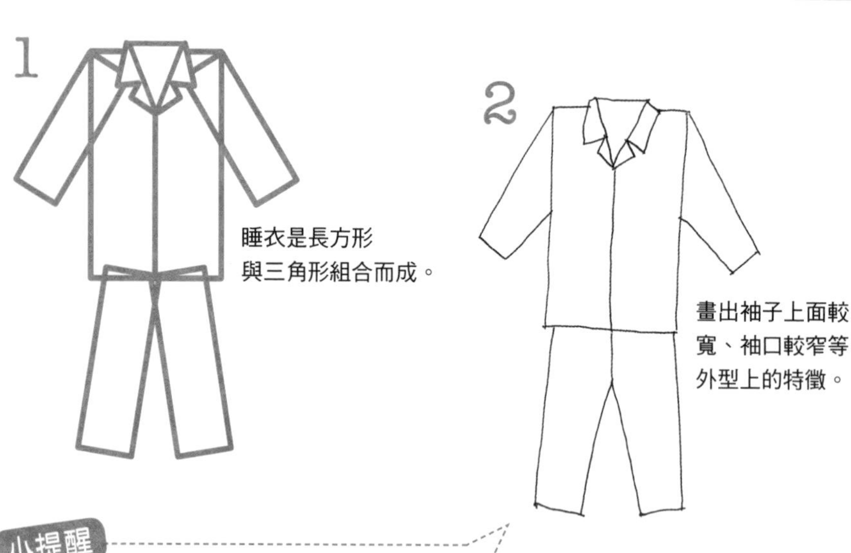

睡衣是長方形與三角形組合而成。

畫出袖子上面較寬、袖口較窄等外型上的特徵。

想像出整體造型後，先從特色最明顯的領口畫起，再一步步畫出整套睡衣。

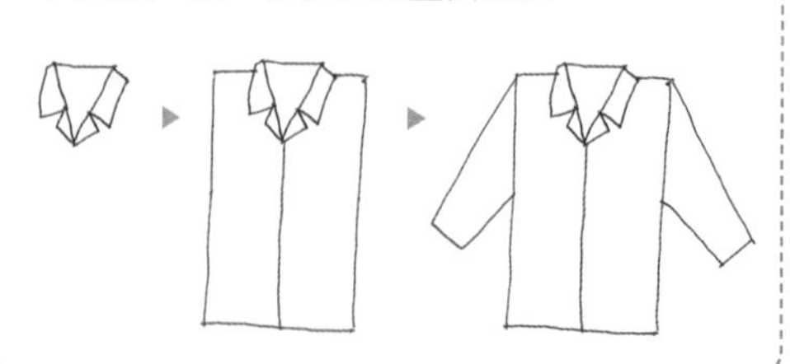

3

也可以再畫上口袋、增添條紋狀的花紋。如此一來，睡衣便完成了。

各式各樣的服飾、配件

接下來繼續以圖形的排列組合為基礎，搭配表現的技巧，畫出各種不同的服飾、配件。服飾、配件類物品較多左右對稱的元素，畫的時候要記得留意左右的均衡。

Part 5
總結

練習畫汽車

最後要來練習畫汽車當作Part 5的總結。這個主題雖然有相當的難度，但只要好好發揮之前練習過的技巧，相信你還是能畫得出來。如果有辦法畫出汽車，基本上只要是平面的物品，你應該都會畫了。請試著將日常生活中接觸到的各種東西一一畫出來，藉由這樣的練習提升自己的技巧，並實際運用在工作上。

畫汽車的步驟

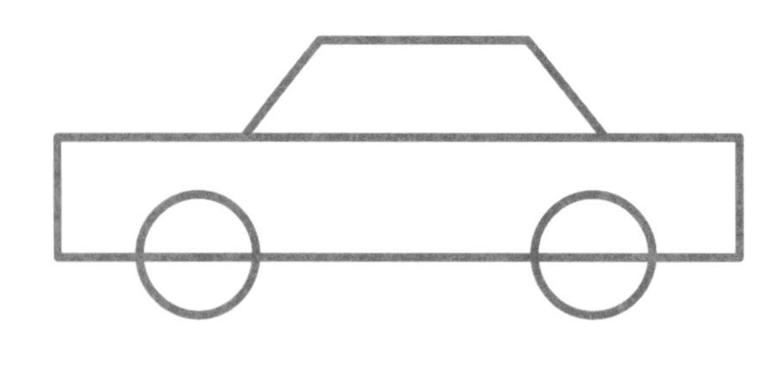

1

汽車是長方形、梯形、圓形組合而成。

2

以柔和的弧線取代直線，描繪出汽車的形狀。

3

畫出窗戶。

4

畫出車門。

5

畫上車頭燈、後照鏡、輪胎等細節，汽車便完成了。

練習畫各式各樣的汽車

從原始的圖形延伸想像，就能畫出其他各種車輛，像是轎跑車、小卡車、大卡車、巴士等，請多加嘗試練習。

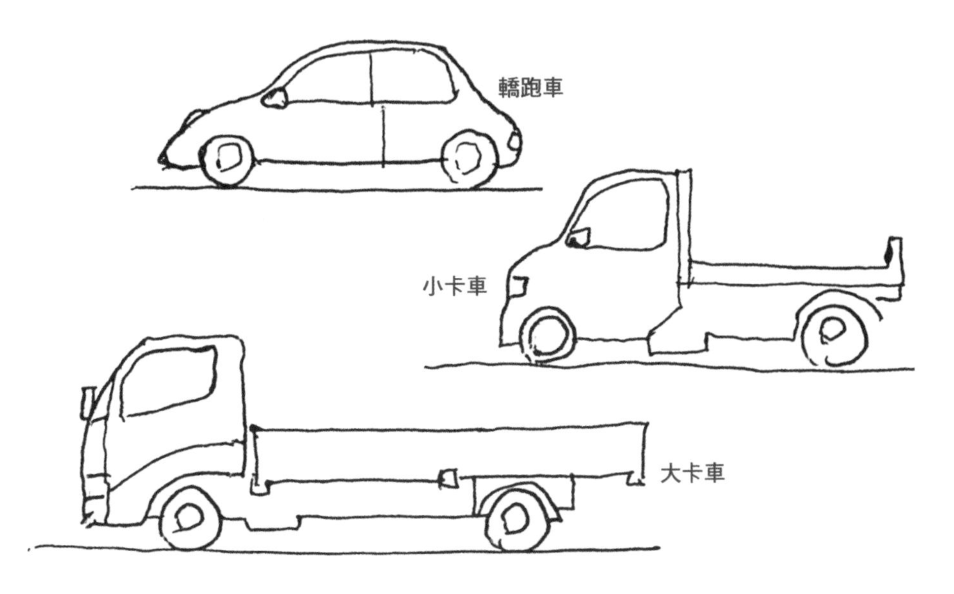

Column

讓自己同時具備
畫平面與畫立體的能力

到目前為止，本書都是教你如何畫出「平面的圖」。由於工作講求的是速度與效率，因此在絕大多數的狀況下，只要能迅速畫出平面的圖應該就夠了。

但在某些時候，光靠平面的圖有可能無法清楚說明你的想法。從以下所舉的3個例子就可以知道，平面的圖不足以充分說明的資訊，可以透過立體的呈現方式傳達給他人。

如果除了畫平面的圖，還具備畫立體的能力，就有辦法因應各種不同狀況，可說是如虎添翼。下一章開始，將說明如何畫出「立體的圖」。

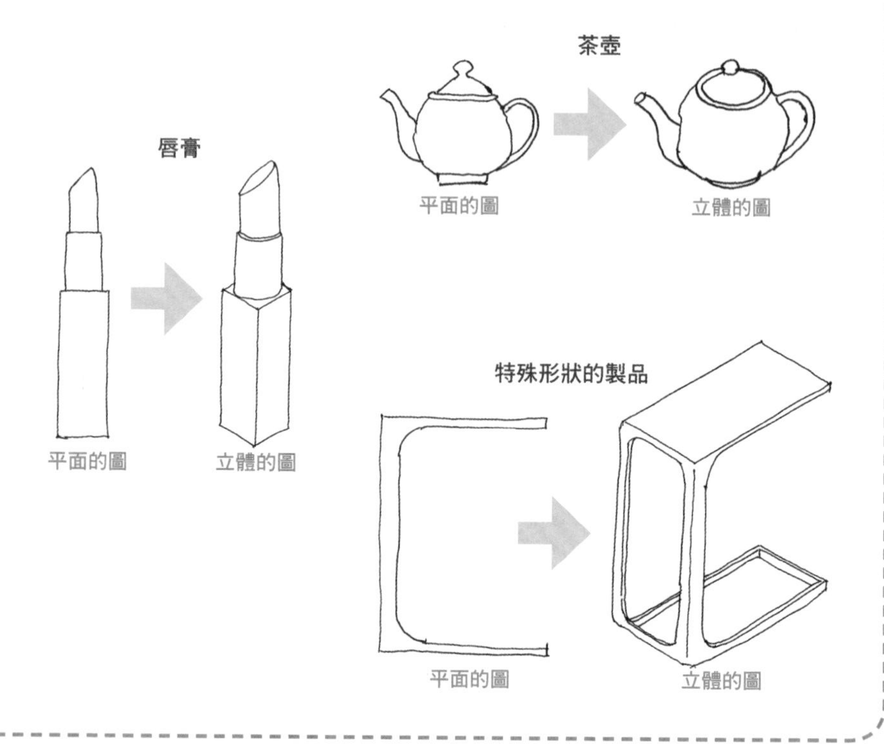

Part 6

學會畫出立體的圖
基本篇

相信到Part 5為止的練習，應該已經讓你學會如何畫出平面的圖了。

這一章起，則要開始練習畫「立體的圖」。如果想畫出立體感，有各式各樣的方法可以用，不過由於本書的重點是「工作時可以馬上畫出來、馬上派上用場」，因此不會告訴你複雜艱澀的理論，而是介紹如何用「120度Y」輕鬆畫出立體的圖。

某些主題用**「魔擦筆（p.26）」**來練習能幫助你更快理解，不妨先準備一支。

Part 6
01

畫出立體的圖

之前練習過了以○△□的排列組合為基礎畫出平面的圖，而這一章開始，則要學習如何畫出立體的圖。以下面的咖啡杯為例，A就是平面的圖，B則是立體的圖。

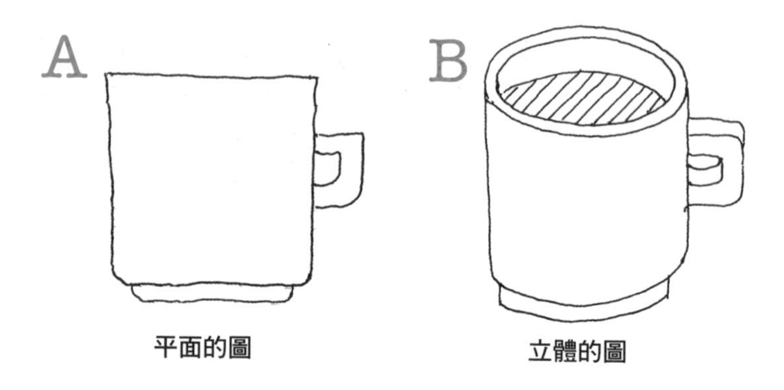

平面的圖　　立體的圖

來到學習畫立體的圖這個階段，你會覺得門檻一下子高了許多，但只要循序漸進地練習，絕對不是難事。

同樣是立體，其實也有各式各樣的表現手法。本書從「工作上的實用性」這個觀點出發，將著重於說明如何畫出像下圖C那樣，從斜上方的角度（約30度）觀看物體（此處是立方體）時所呈現的圖，並帶你進行練習。

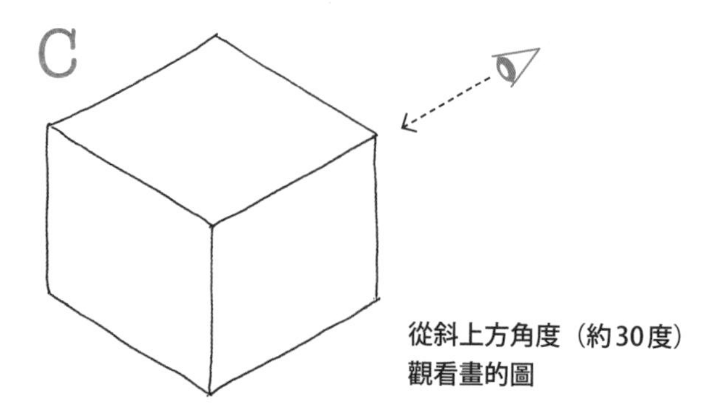

從斜上方角度（約30度）
觀看畫的圖

圖D是從側面水平觀看圖C的立方體所畫出來的圖，但這樣無法表現出立體感。

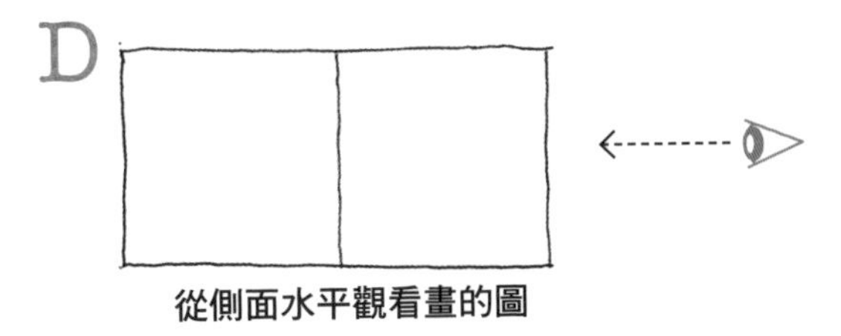

從側面水平觀看畫的圖

至於圖E則是從正上方觀看圖C的立方體所畫出來的圖，這同樣無法表現出立體感。

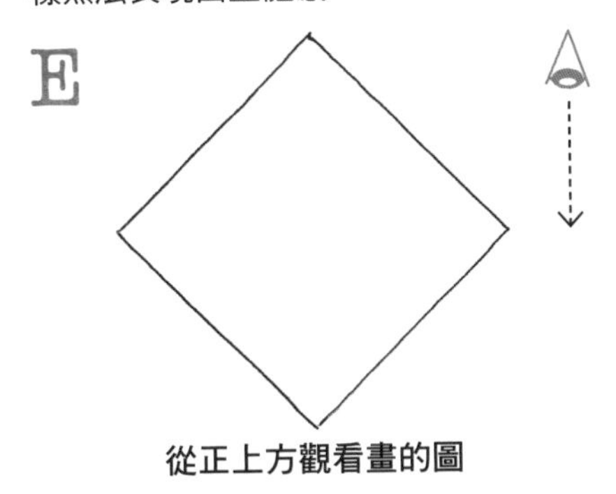

從正上方觀看畫的圖

圖F是從較圖C略低的角度（約15度）觀看圖C的立方體所畫出來的圖。有別於D和E，圖F看起來是立體的，但其實這張圖要比C難畫。由於呈現出來的感覺並沒有太大不同，工作上實際要用的話，C就已經夠了，因此首先以學會畫C為目標。

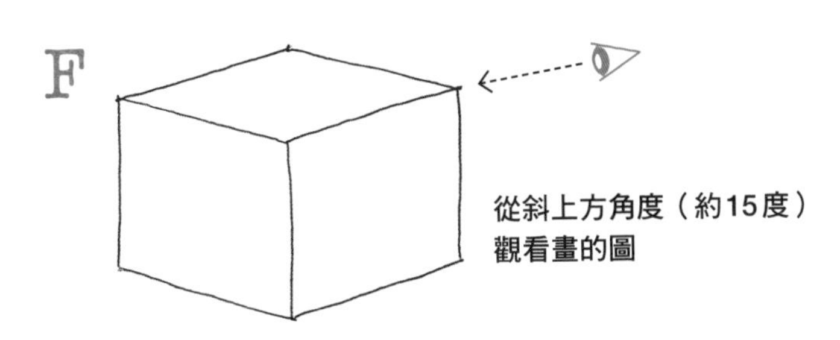

從斜上方角度（約15度）
觀看畫的圖

Part 6
02 用「120度Y」輕鬆畫出立體感

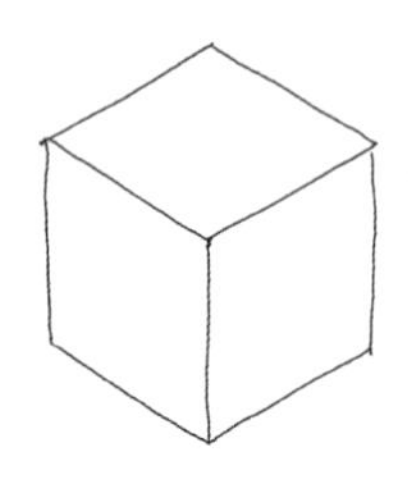

接下來就先從最單純的立體圖形——立方體開始練習。想輕鬆畫出立方體，要先懂得畫「120度Y」。

畫出「120度Y」

要畫出「120度Y」，得用到說明正三角形（p.50）的畫法時介紹過的「時鐘鐘面刻度」。

1

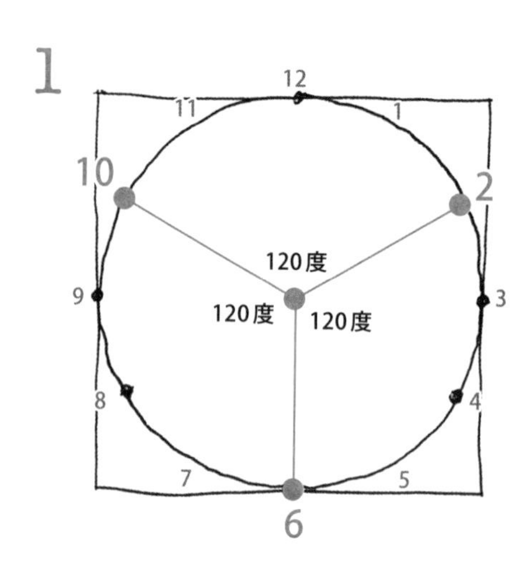

想像出指針式的鐘錶刻度，比照左圖畫出3條直線。此時3條線彼此之間的夾角都會是120度。

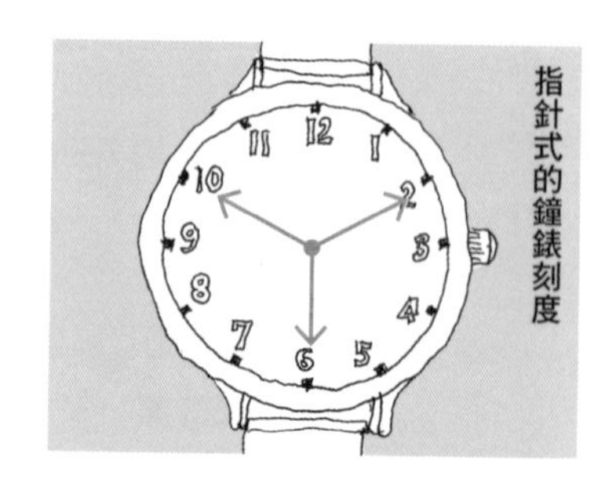

2

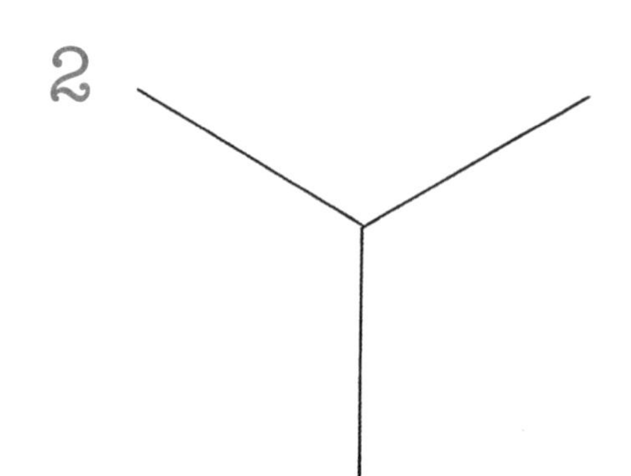

如此一來便完成了「120度Y」。請練習到可以不藉由任何輔助直接畫出來。

練習畫立方體

學會畫「120度Y」之後，便能以此為基礎練習畫立方體了。

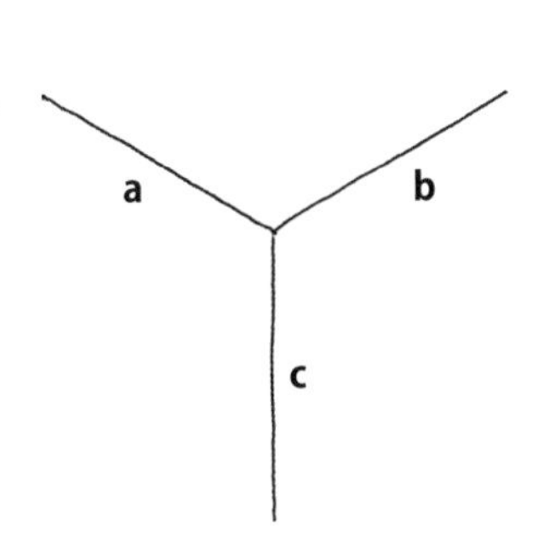

畫出「120度Y」(線**abc**)。

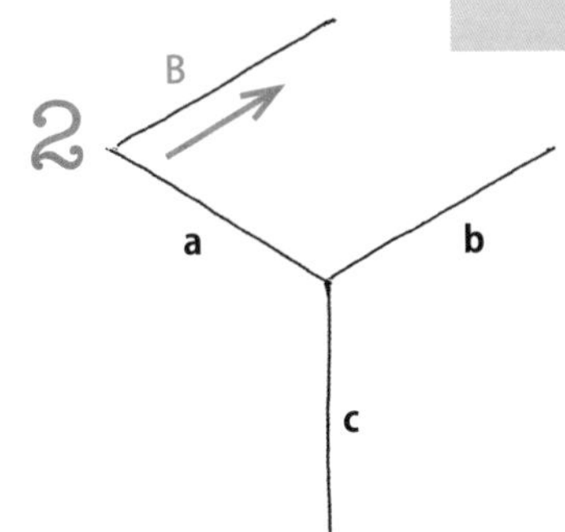

畫出與**b**平行的線B。

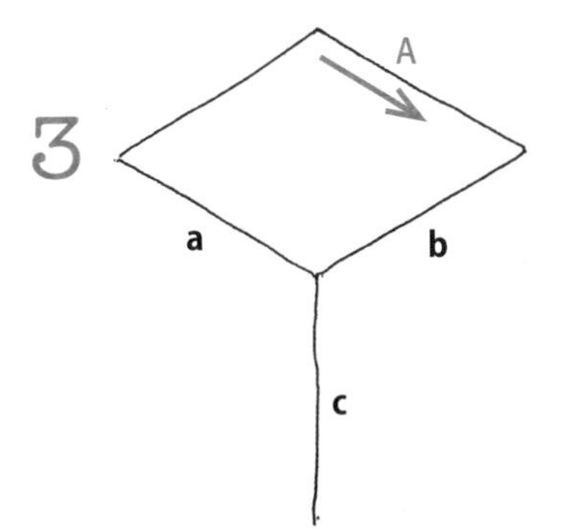

畫出與**a**平行的線A。

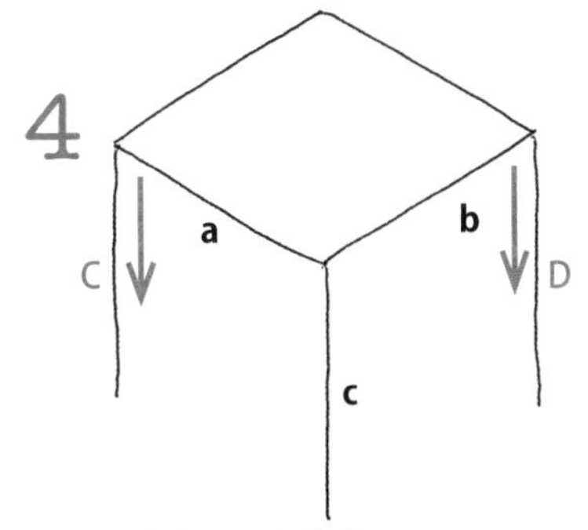

畫出與**c**平行的線C、D。

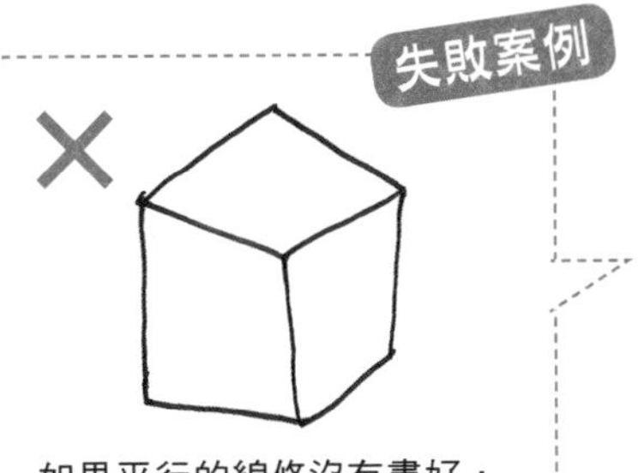

如果平行的線條沒有畫好，看起來會像是被壓扁了一樣。

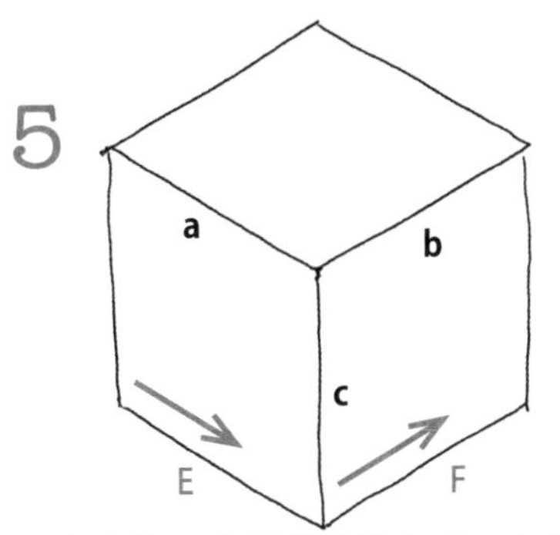

畫出與**a**、**b**平行的線E、F，立方體便完成了。

Part 6
03
練習畫長方體

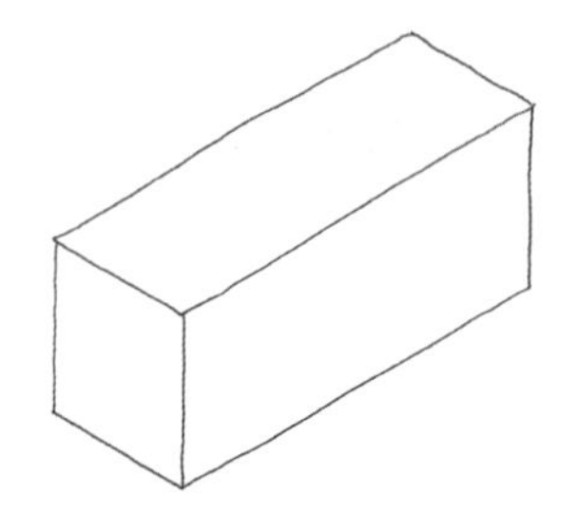

學會畫立方體後，就能輕鬆畫出長方體了。畫長方體的第一步同樣是「120度Y」。

練習畫基本的長方體

和畫立方體一樣，首先從「120度Y」畫起。

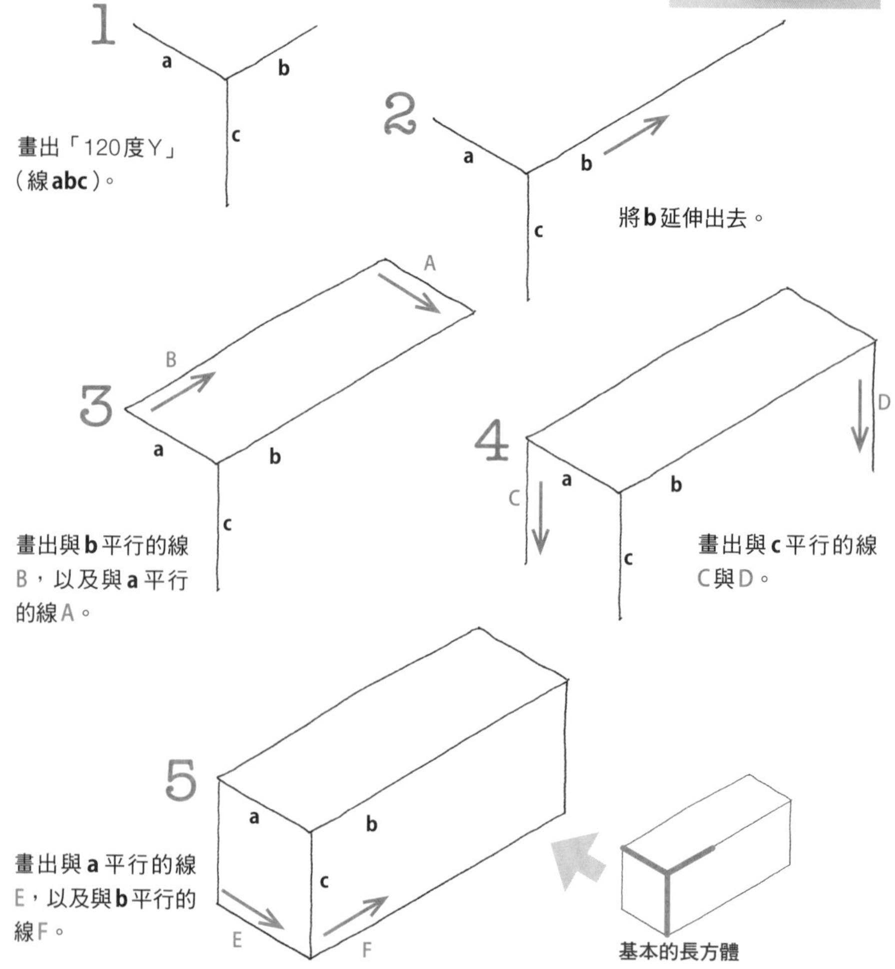

練習畫各種不同的長方體

只要利用「120度Y」就有辦法畫出各種不同的長方體，請多加嘗試練習。

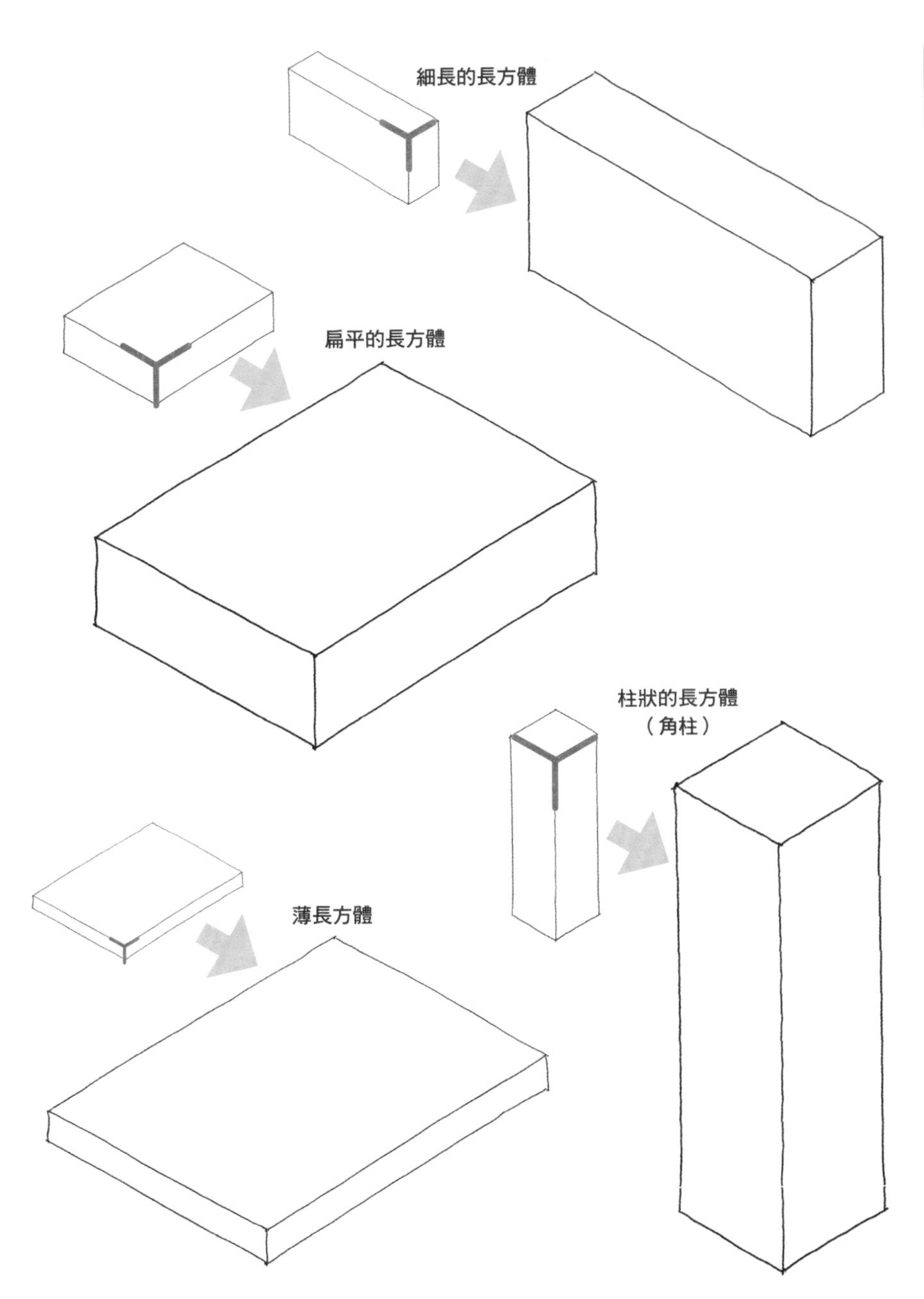

Part 6
04
物體內部的立體感

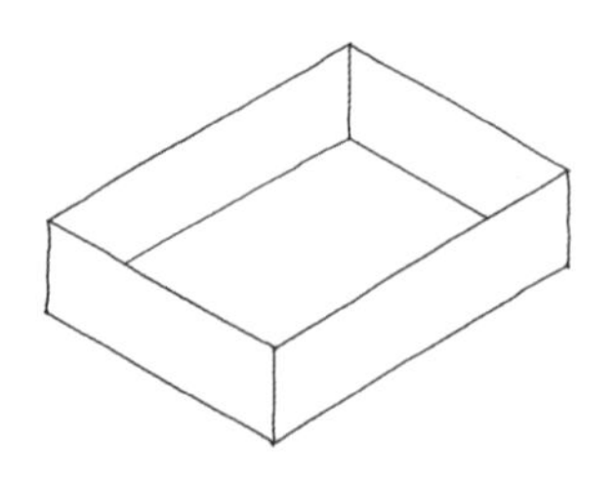

學會畫立方體與長方體後，下一步則是要畫出內部。懂得這項技巧後，就能夠畫出有蓋的盒子等複雜的圖形了。

物體內部的立體感

畫出物體內部的立體感，便能夠表現空的盒子、箱子。

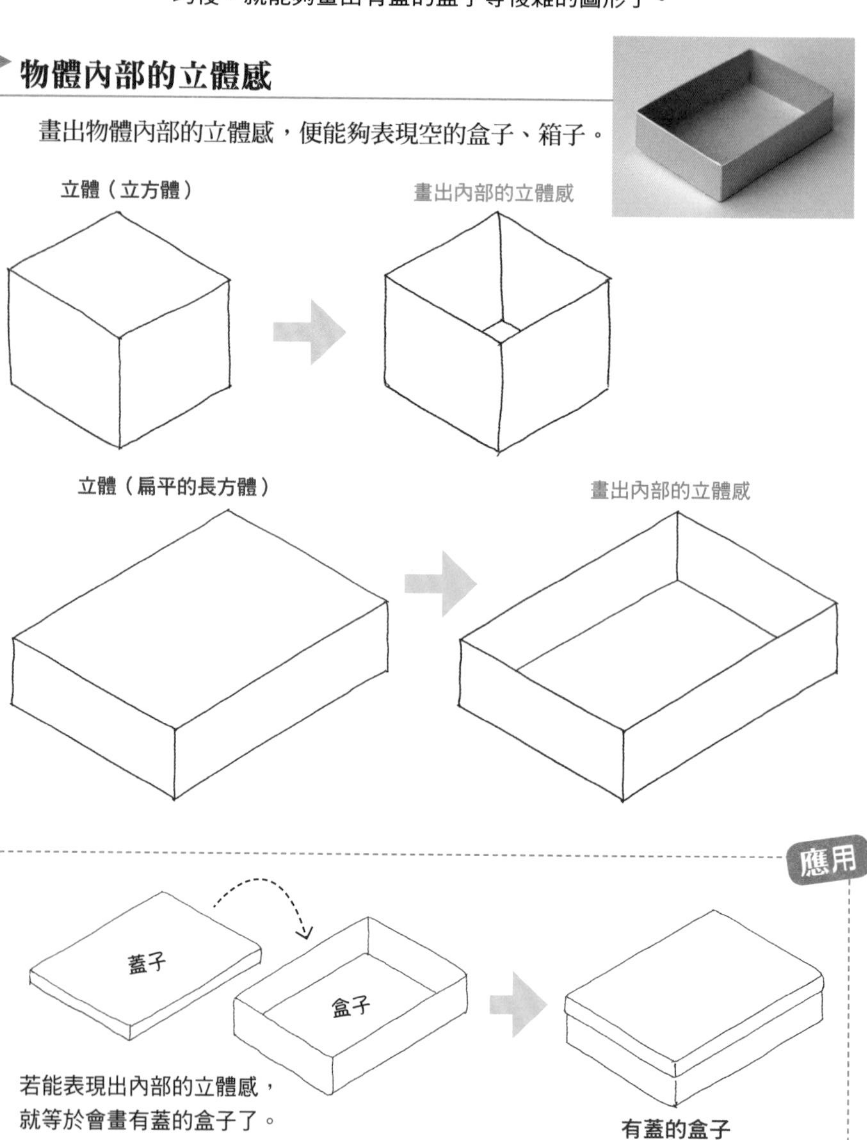

畫出內部立體感的步驟

以下就來說明實際畫出內部立體感的步驟。建議先使用**「魔擦筆（p.26）」**來練習。

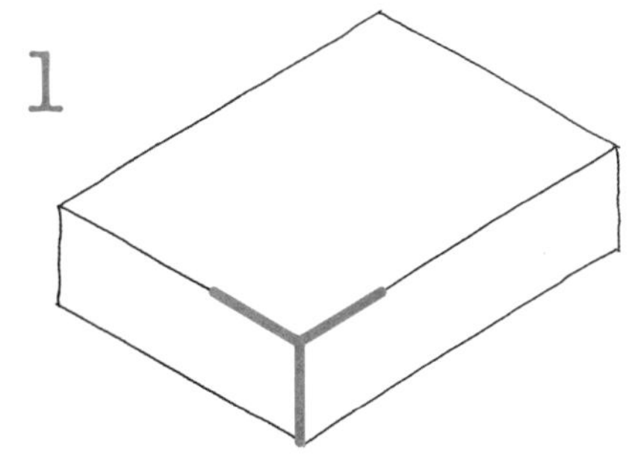

先用「120度Y」畫出扁平的長方體。

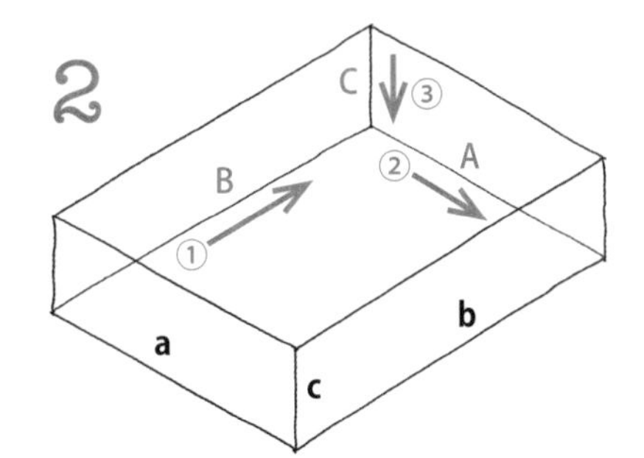

畫出與**b**、**a**、**c**平行的B、A、C等線條。

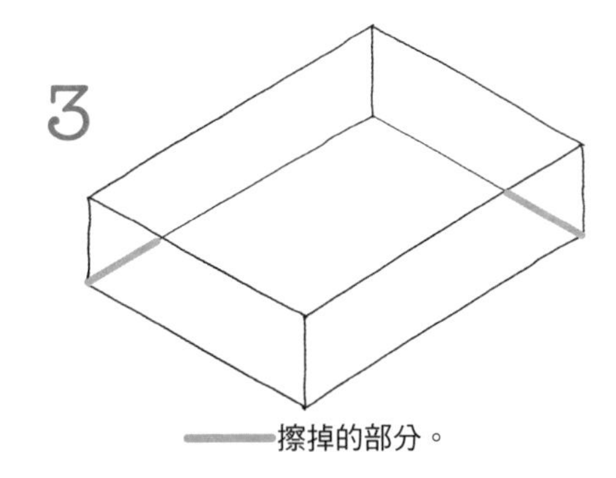

——擦掉的部分。

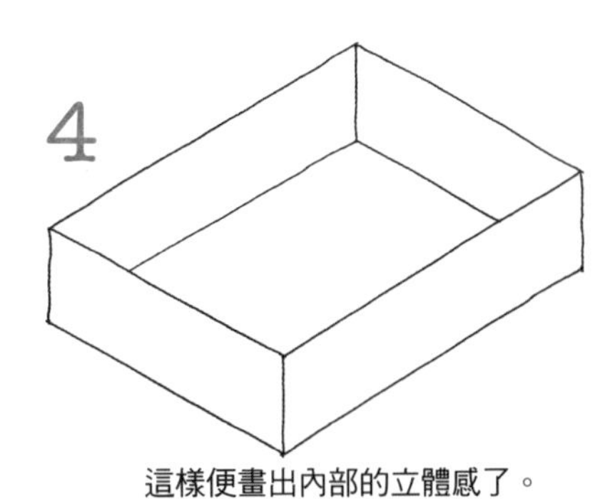

這樣便畫出內部的立體感了。

練習用「不需要擦掉多餘線條」的方法畫

記住以上的步驟之後，不妨練習用不需要擦掉多餘線條的方法來畫。其實只要理解了圖形的構造，就能輕易畫出來。

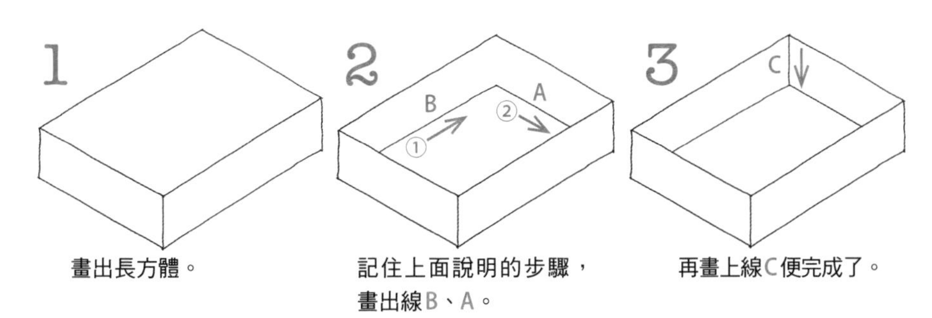

畫出長方體。

記住上面說明的步驟，畫出線B、A。

再畫上線C便完成了。

Part 6
05

畫出立體的三角形屋頂

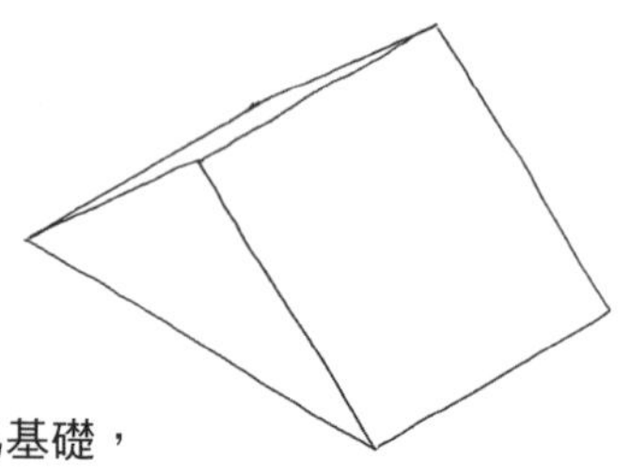

這個單元要教你如何以長方體為基礎，畫出房屋的三角形屋頂。

如何畫出三角形屋頂

從「畫出內部立體感的步驟（p.113）」的2的狀態開始畫起。建議先使用**「魔擦筆（p.26）」**來練習。

1

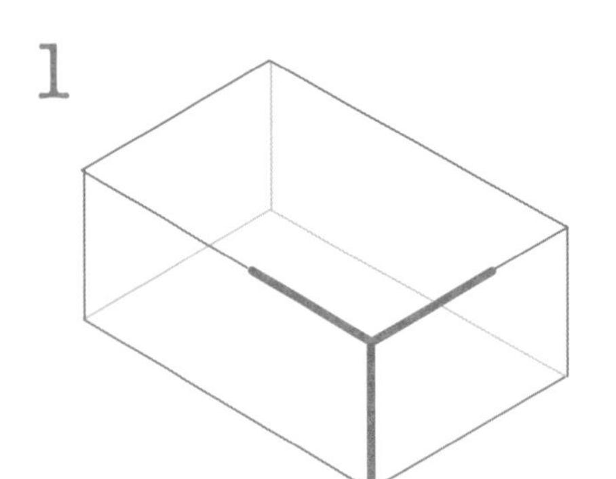

雖然長方體的方向不同，但這與「畫出內部立體感的步驟（p.113）」的2是相同的狀態。

2

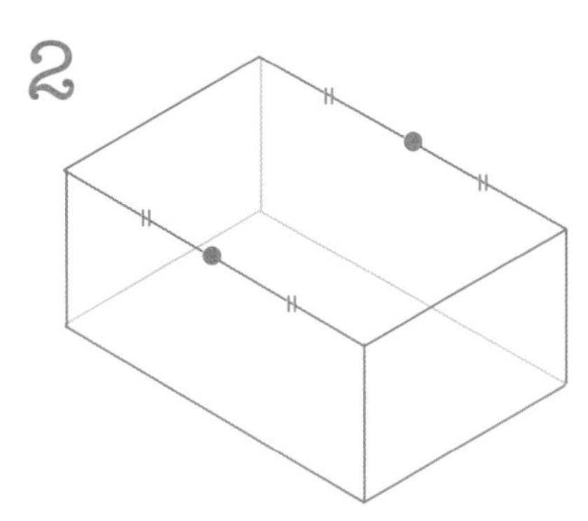

在與圖中相同的位置畫上●。

3

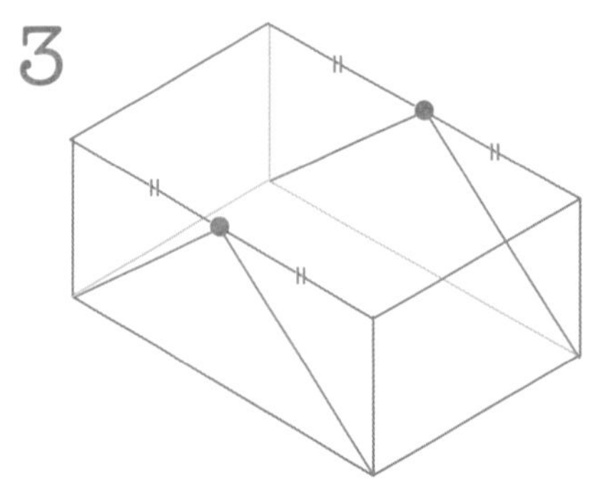

比照上圖用線條將●與兩側的角連接起來。

4

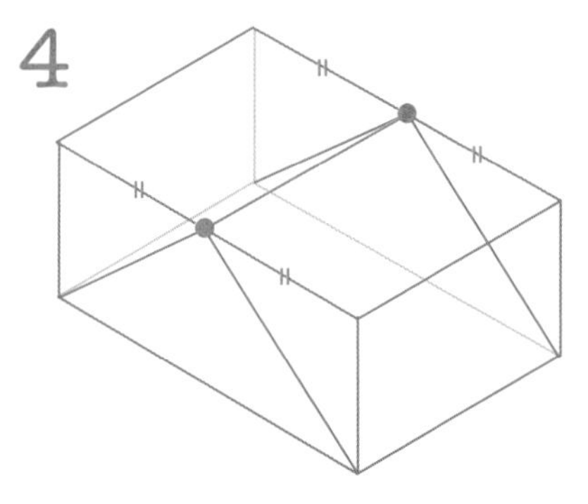

兩個●也用線條連接起來。

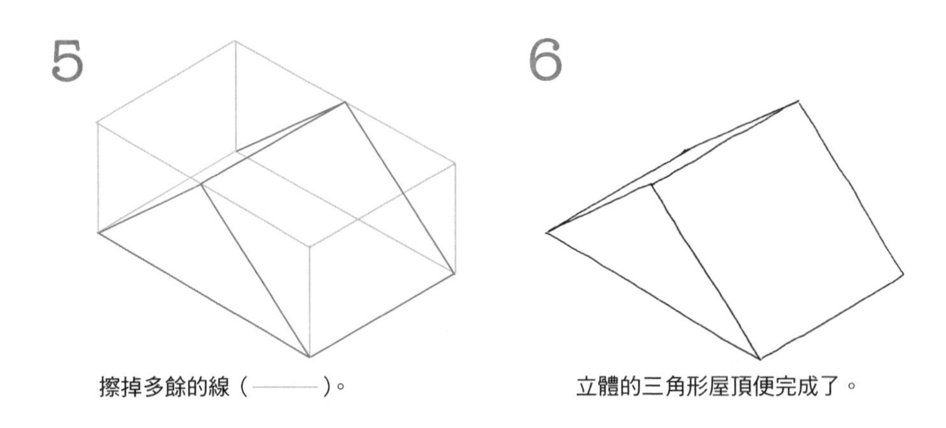

擦掉多餘的線（———）。
立體的三角形屋頂便完成了。

各種版本的應用

改變長方體的大小及●的位置，就能用相同方法畫出各種不同的三角形屋頂。建議使用**「魔擦筆（p.26）」**來練習。

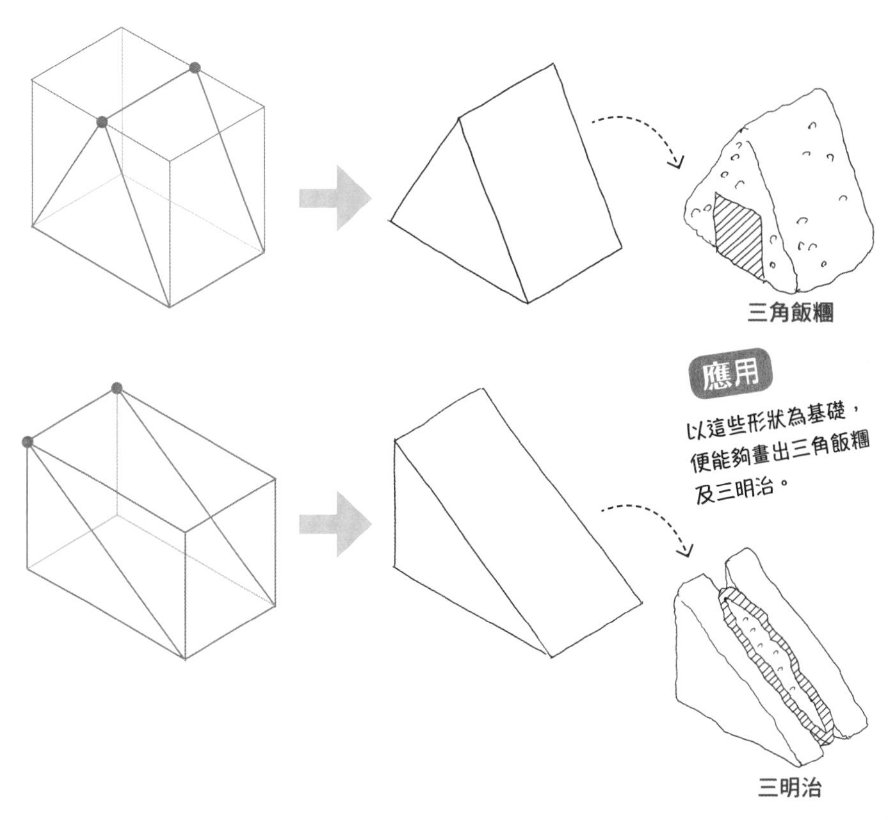

Part 6
06

練習畫圓柱

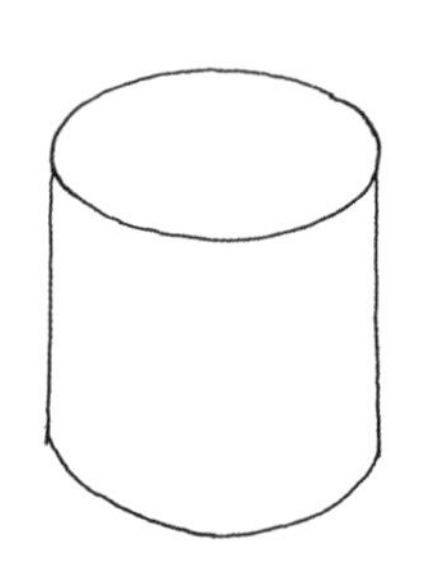

只要以「120度Y」為基礎，同樣能輕易畫出圓柱。

如何畫出圓柱

和立方體、長方體一樣，畫圓柱也是先從「120度Y」開始。建議先使用**「魔擦筆（p.26）」**來練習。

1

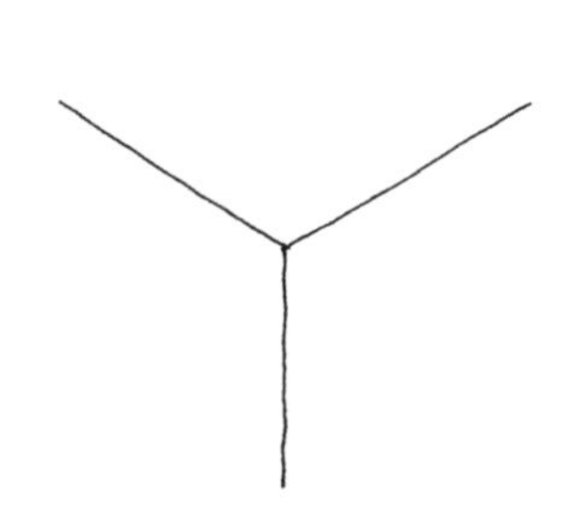

從「120度Y」畫起。

2

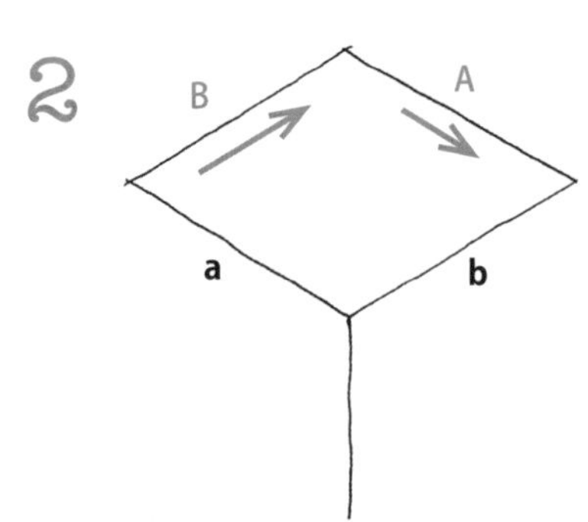

畫出與**a**、**b**平行的線A、B。

3

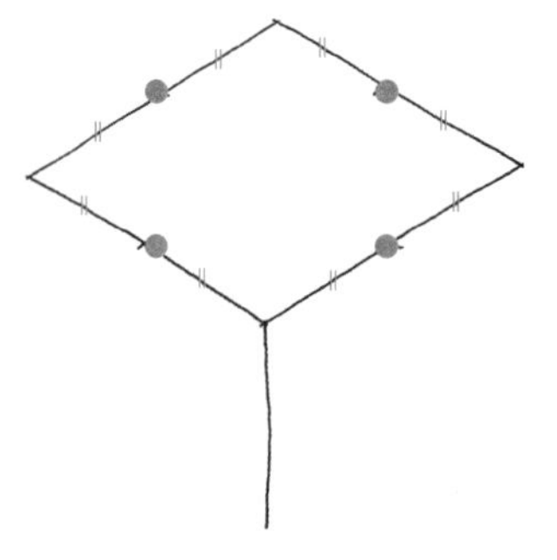

在與圖中相同的位置畫上●。

4

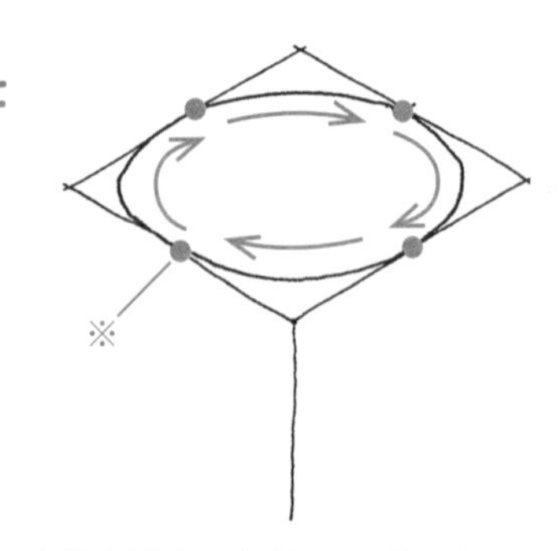

比照上圖畫一個橢圓形將各個●連接起來。
建議從※出發，沿順時鐘方向慢慢畫。

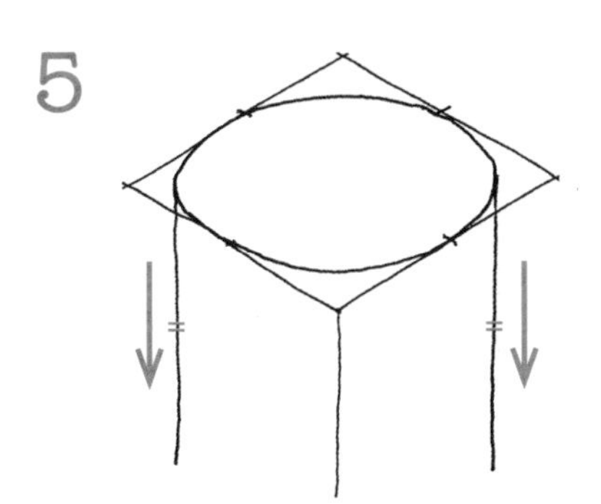

從橢圓形兩端往下畫長度相同的垂直線。

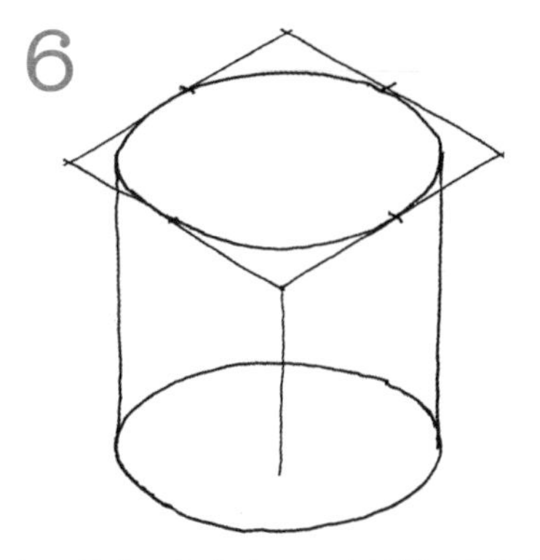

在下端畫一個與步驟4畫的橢圓形相同大小的橢圓形。

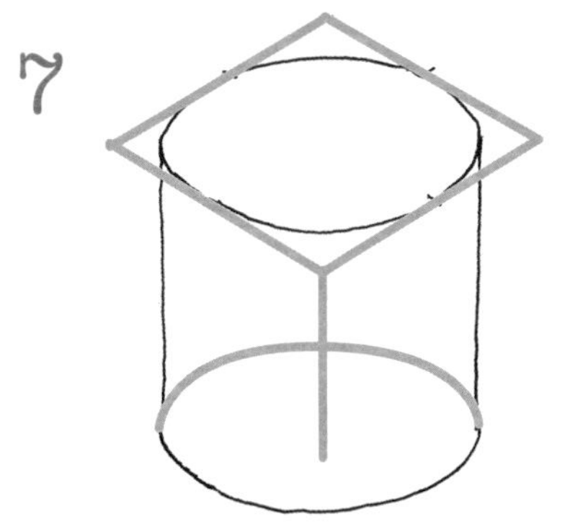

擦掉多餘的線（━━）。

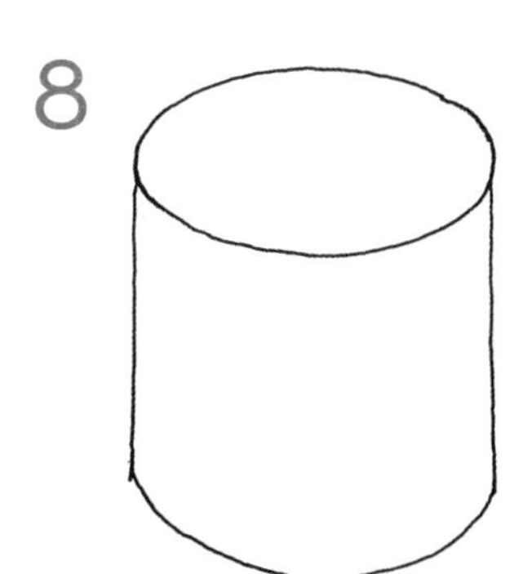

圓柱便完成了。

各種版本的應用

用相同方法還可以畫出各式各樣不同的圓柱，請多加嘗試、練習。

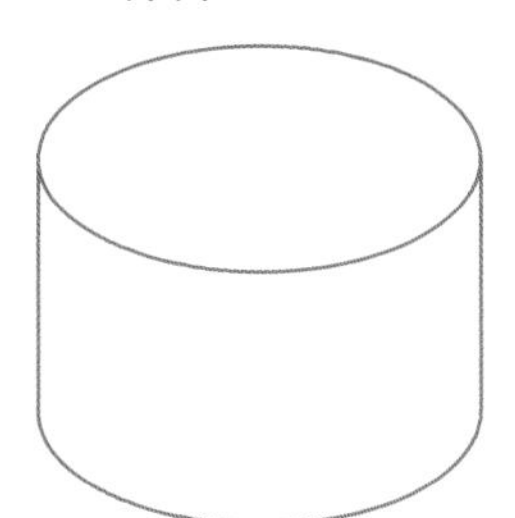

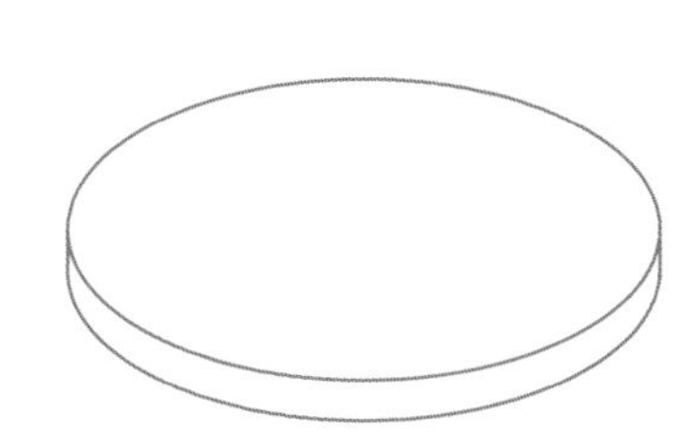

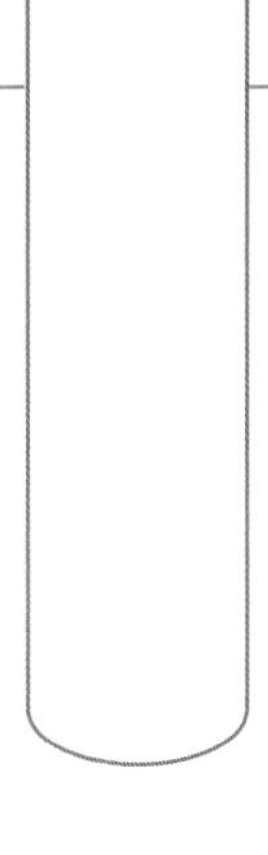

Part 6
07

練習畫 四角錐、圓錐

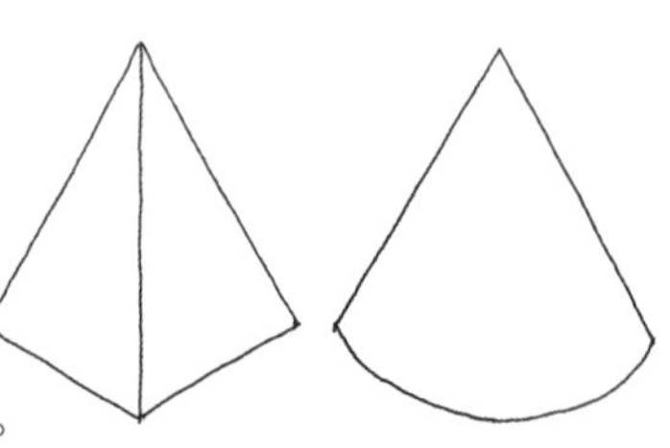

如果會畫長方體與圓柱，
就有辦法畫出四角錐與圓錐了。

如何畫出四角錐

只要會畫p.111介紹的「柱狀的長方體（角柱）」，四角錐也就不難了。建議先使用**「魔擦筆（p.26）」**來練習。

1

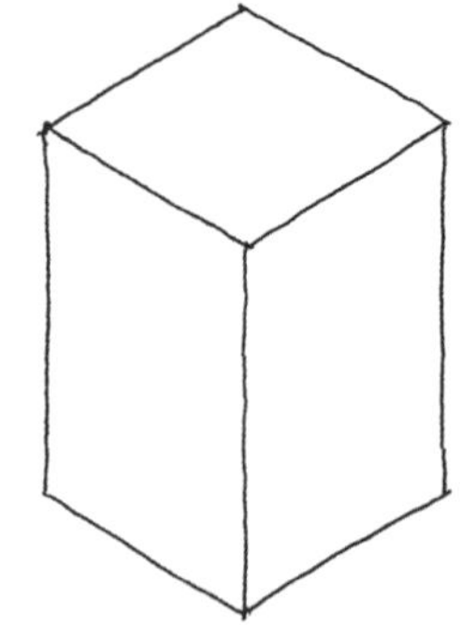

先畫出柱狀的長方體（角柱）。

2

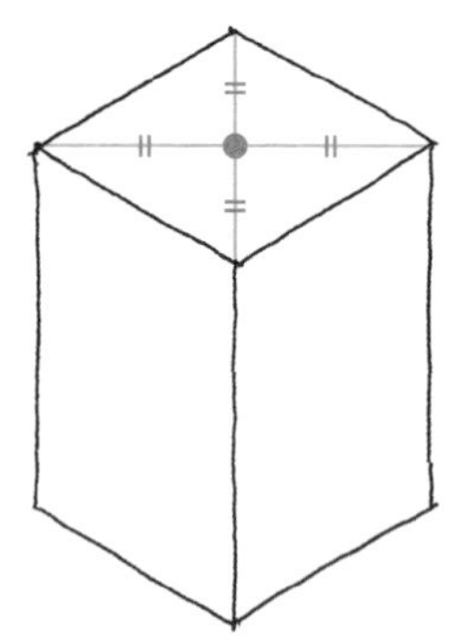

在與圖中相同的位置畫上●。

3

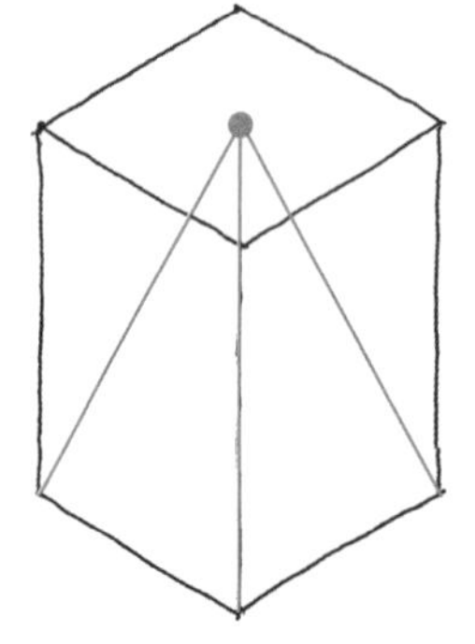

比照上圖畫出連接●與角的線條。

4

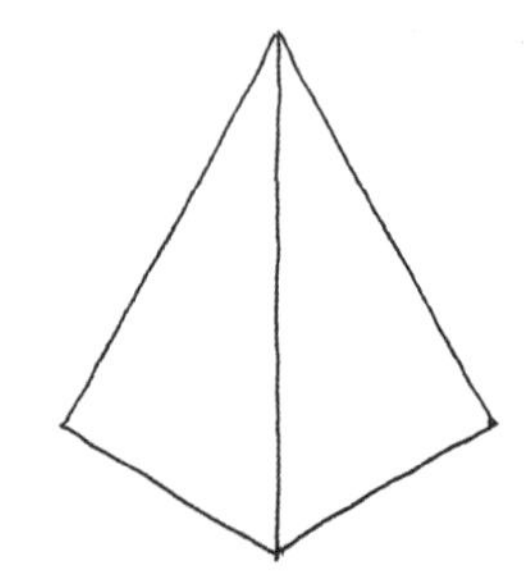

擦掉多餘的線，四角錐便完成了。

如何畫出圓錐

只要會畫p.116介紹的圓柱，便能輕易畫出圓錐。建議先使用**「魔擦筆（p.26）」**來練習。

1

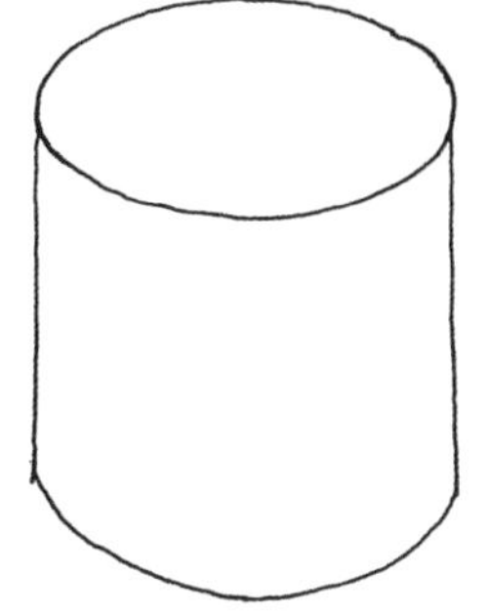

畫出圓柱。

2

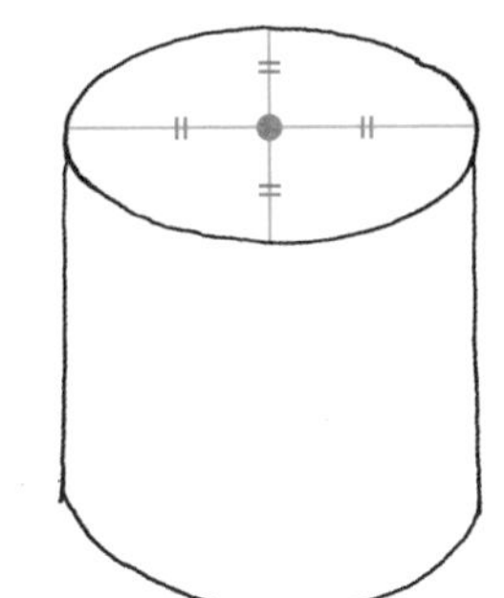

在與圖中相同的位置畫上●。

3

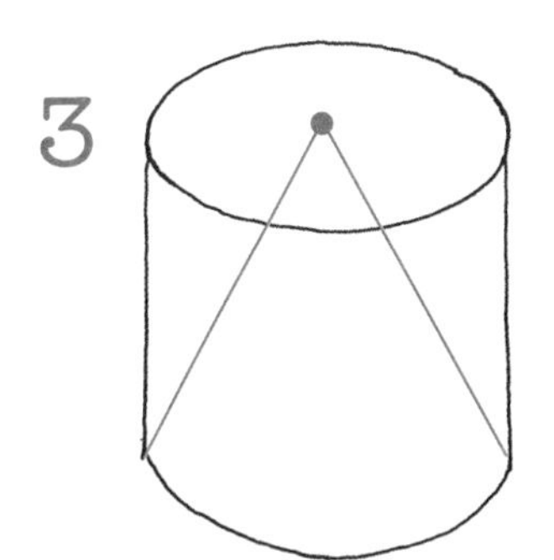

比照上圖畫出連接●與角的線條。

4

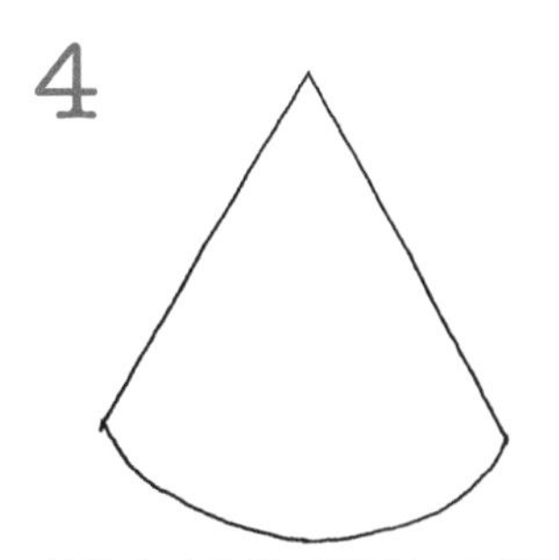

擦掉多餘的線，圓錐便完成了。

各種版本的應用

用相同方法還可以畫出各式各樣不同的四角錐、圓錐，請多加嘗試、練習。

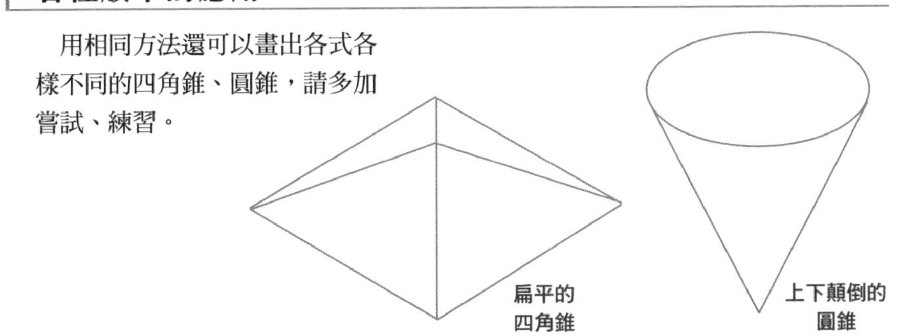

Part 6
08 排列組合各種立體圖形

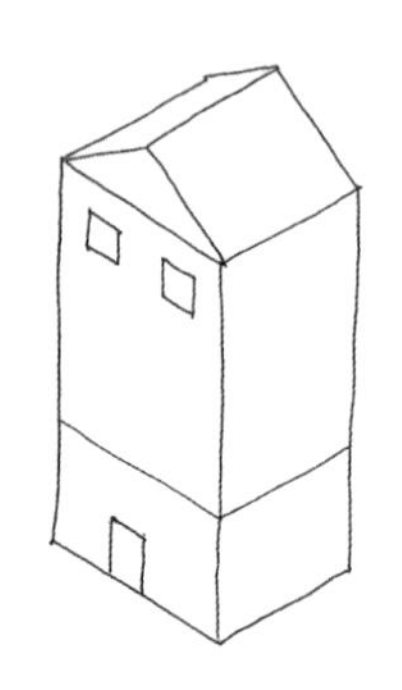

用不同方式排列組合前面介紹過的立方體、長方體、三角形屋頂、圓柱、圓錐等，就能畫出各式各樣的物體、造型。

立方體＋長方體可以組合成頒獎台

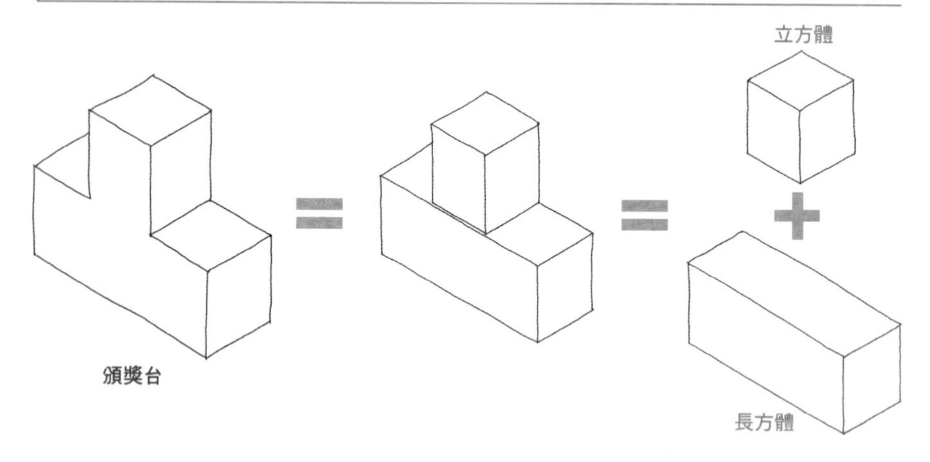

圓柱＋長方體可以組合成容器

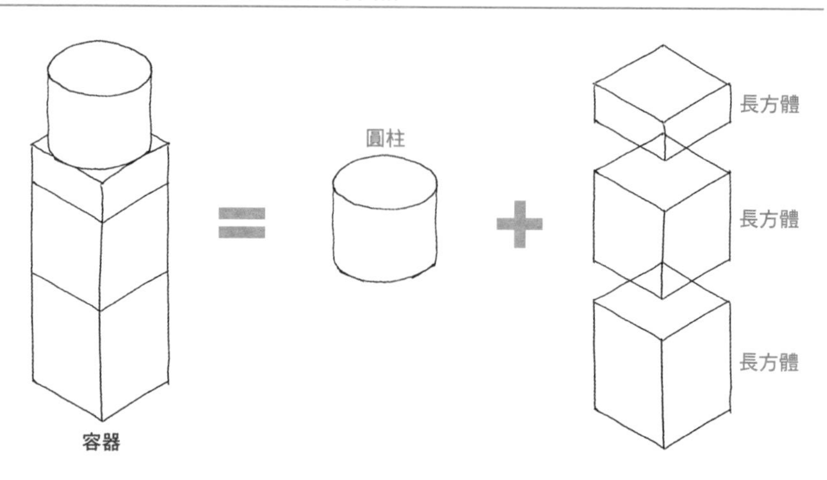

用三角形屋頂＋長方體組合成特殊造型①

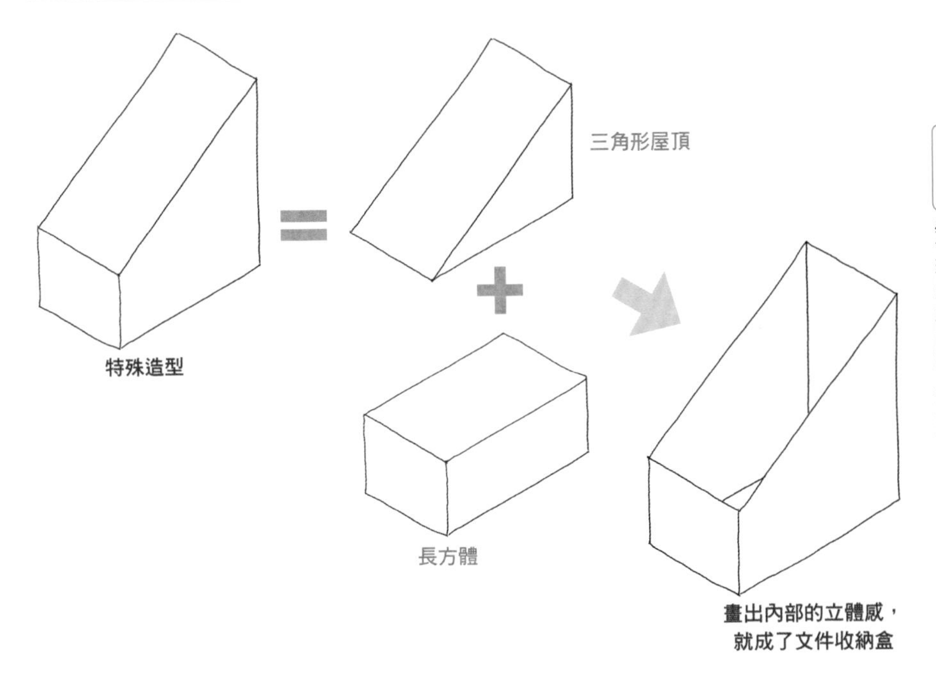

用三角形屋頂＋長方體組合成特殊造型②

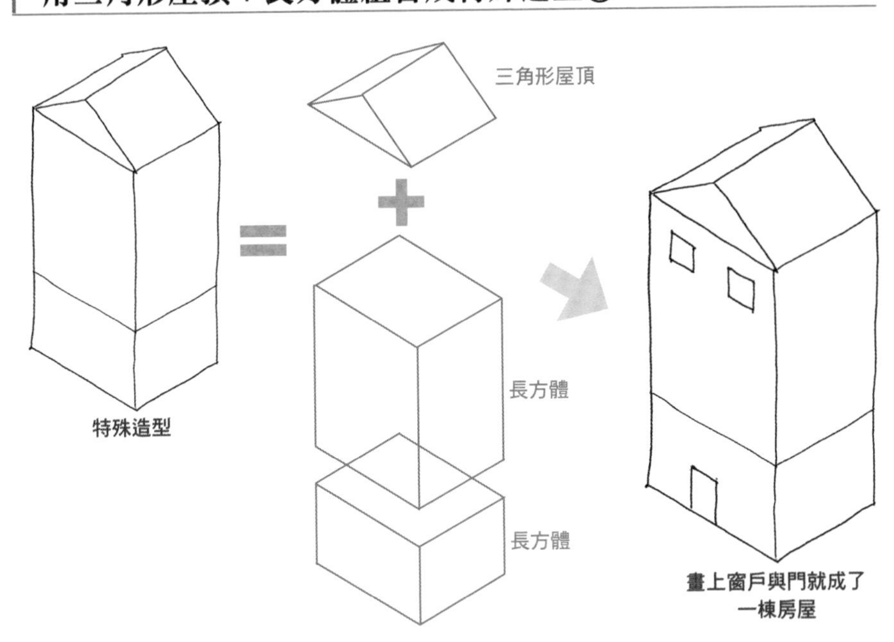

Part 6
09 立體圖形內的立體圖形

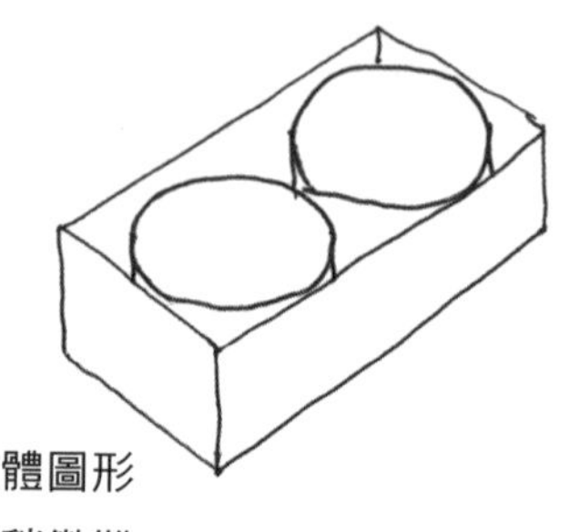

在Part 6的最後，要來練習如何在立體圖形內再畫上其他立體圖形。雖然這項練習稍微難了點，但可以幫助你更加了解立體圖形的構成。

練習畫裝有2個圓柱的長方體盒子

先畫出長方體，然後在長方體內畫2個圓柱。建議先使用**「魔擦筆（p.26）」**來練習。

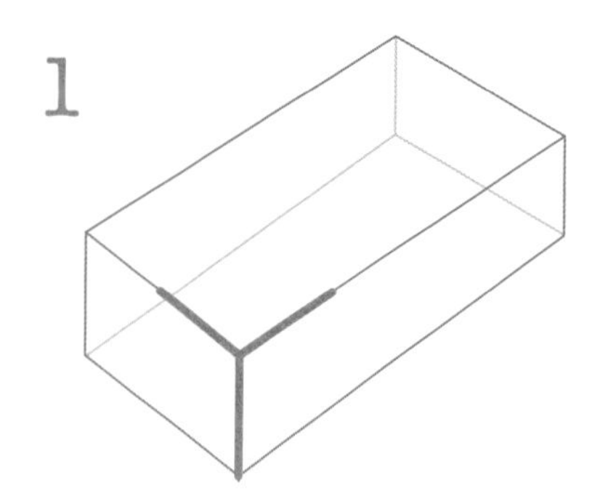

這是「畫出內部立體感的步驟（p.113）」的2的狀態。

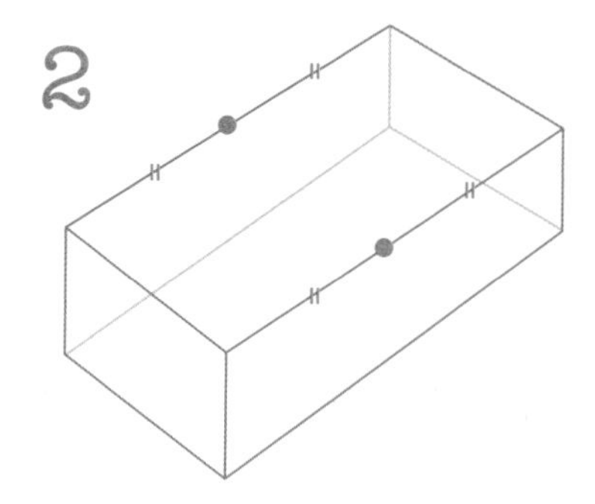

在與圖中相同的位置畫上●。

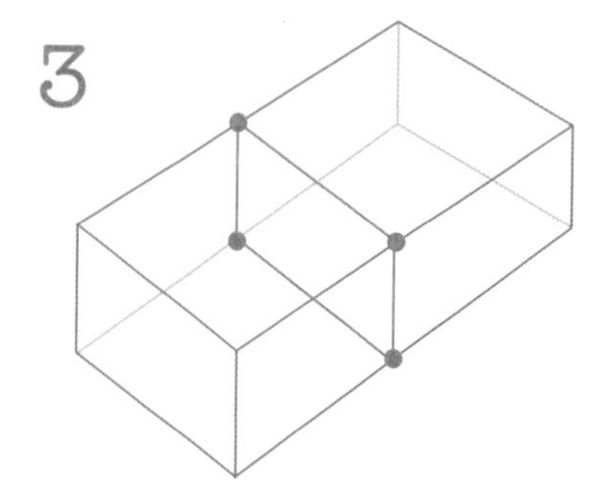

從●往下畫垂直線，再畫2個●，然後以線條將●連接起來。

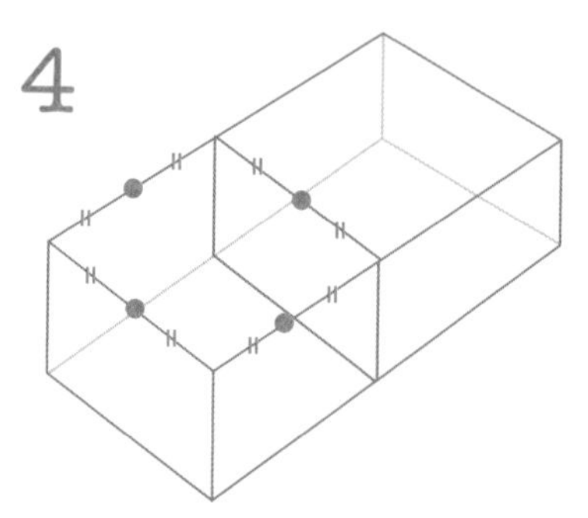

用p.116「如何畫出圓柱」教導的方式畫出圓柱。

5

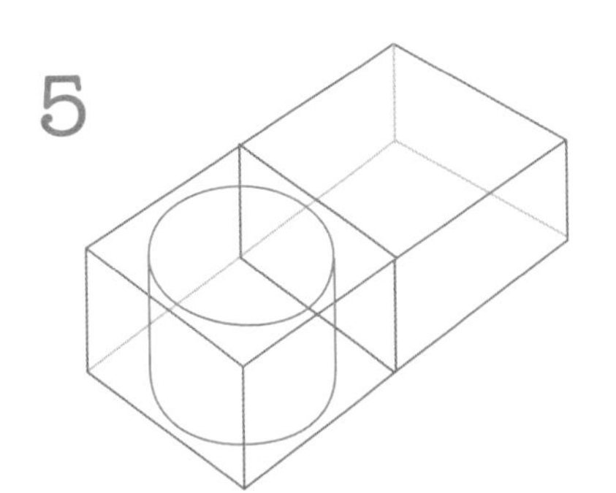

這是畫出圓柱的樣子。畫圓柱時的重點是要畫得稍微小一點，不要讓圓柱接觸到外側的長方體。

6

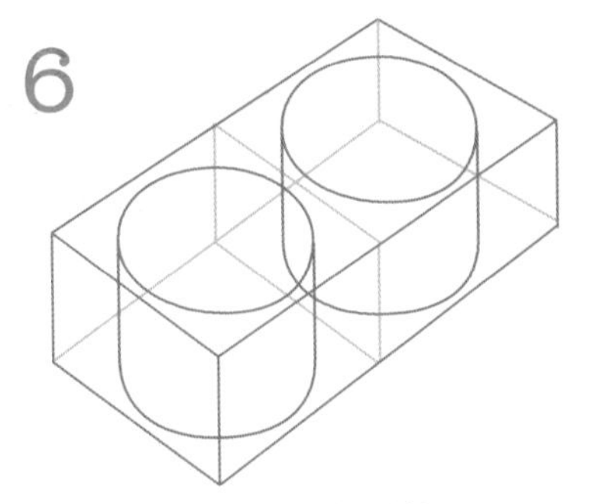

比照步驟5，再畫1個圓柱。

7

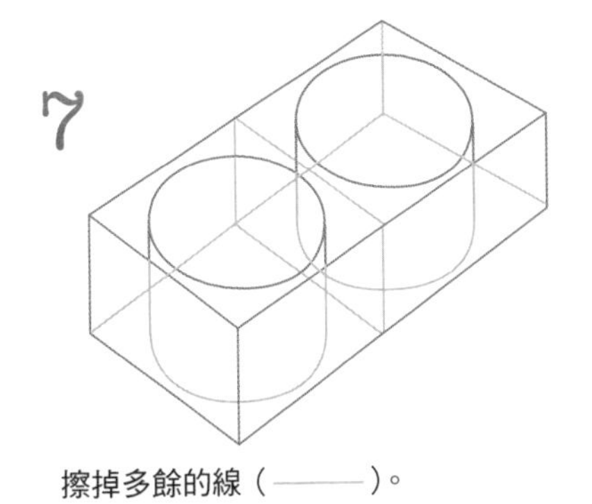

擦掉多餘的線（———）。

8

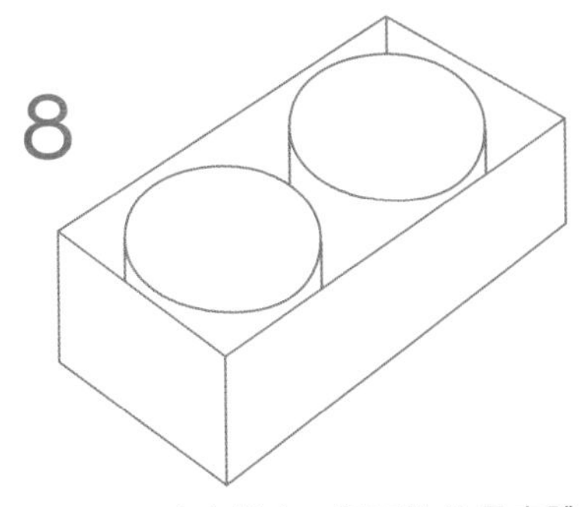

這樣便畫出裝有2個圓柱的長方體盒子了。

練習用「不需要擦掉多餘線條」的方法畫

記住了上述步驟後，不妨嘗試不要畫多餘的線條，直接畫出最後想要的樣子。其實只要理解了整體構造，就不需要那些多餘的線條，可以迅速畫出來。

1

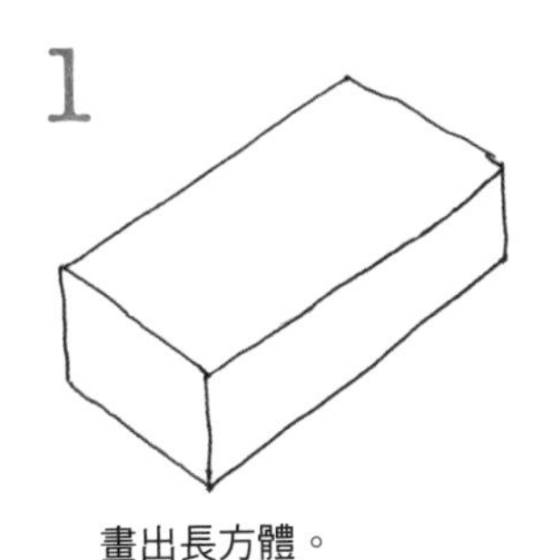

畫出長方體。

2

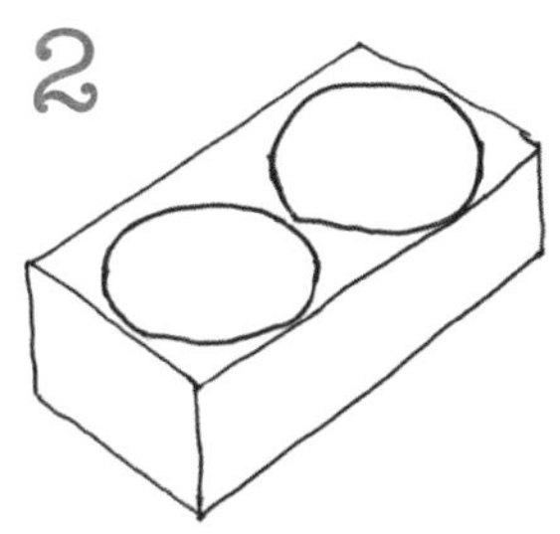

畫2個橢圓形。

3

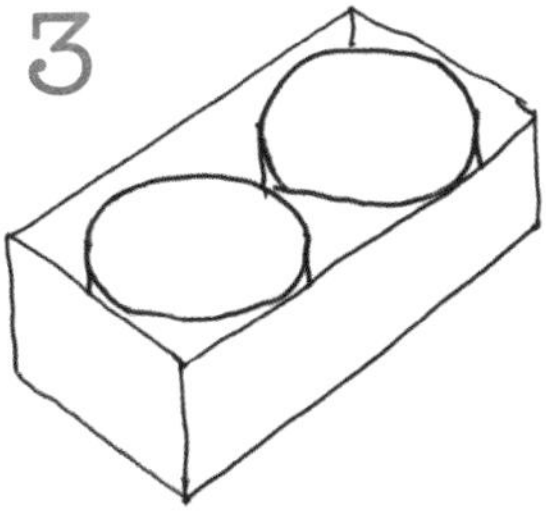

畫出與圓柱垂直的線條便完成了。

Part 6
總結

練習畫階梯（展示架）

相信大家應該都已經了解如何藉由「120度Y」畫出立體圖形了。立體的圖形比平面的難畫，因此要花時間慢慢熟悉、上手。Part 6最後要介紹如何將長方體組合起來，畫出「階梯（展示架）」，當作這一章的總結。

練習將長方體排列組合在一起

建議先使用**「魔擦筆（p.26）」**來練習。

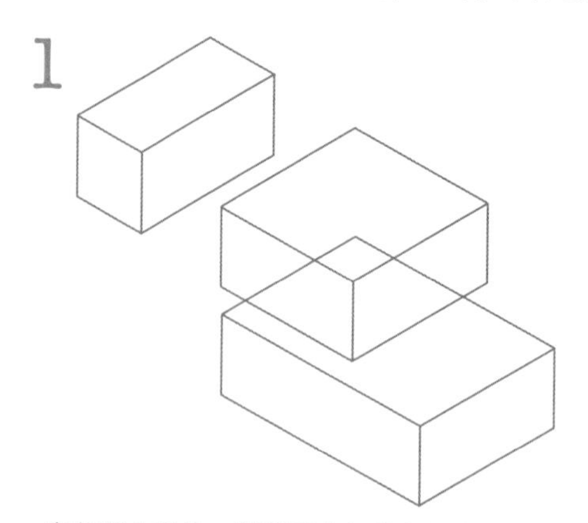

先在腦中想像，階梯是由好幾個長方體組合而成的。

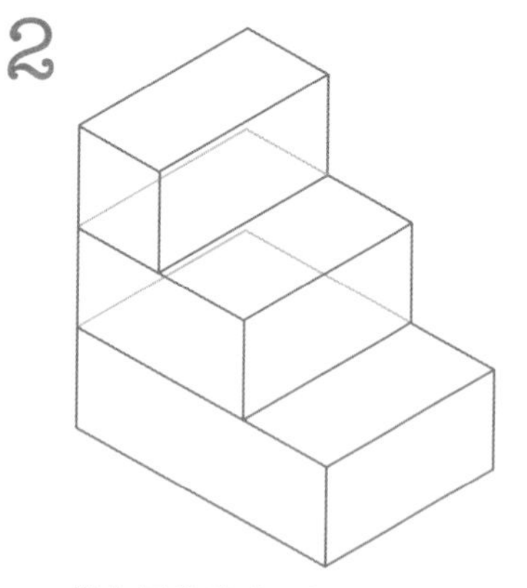

像上圖般畫出3個疊在一起的長方體。

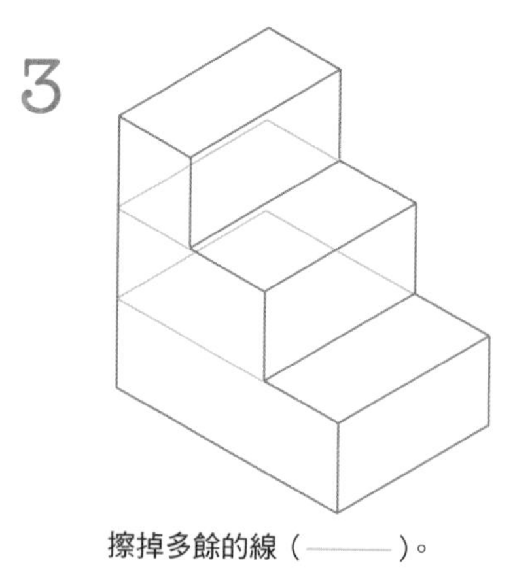

擦掉多餘的線（———）。

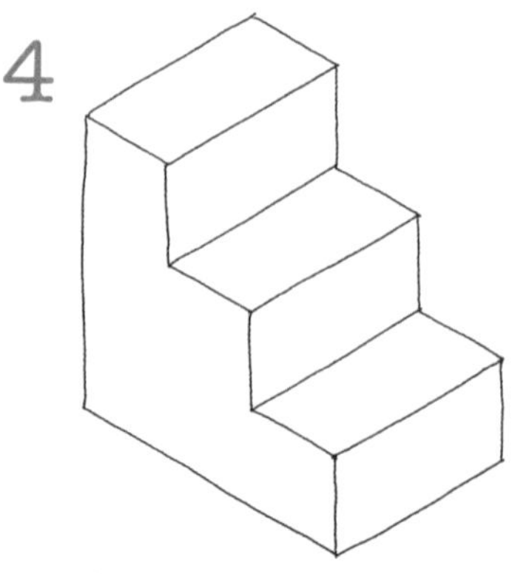

如此一來，階梯便完成了。

練習用「不需要擦掉多餘線條」的方法畫

上一頁介紹的方法雖然好，但實際上在工作時可能沒那麼多時間讓你把多餘的線擦掉。因此建議練習不需要擦掉多餘線條的方法，以便更快畫出來。

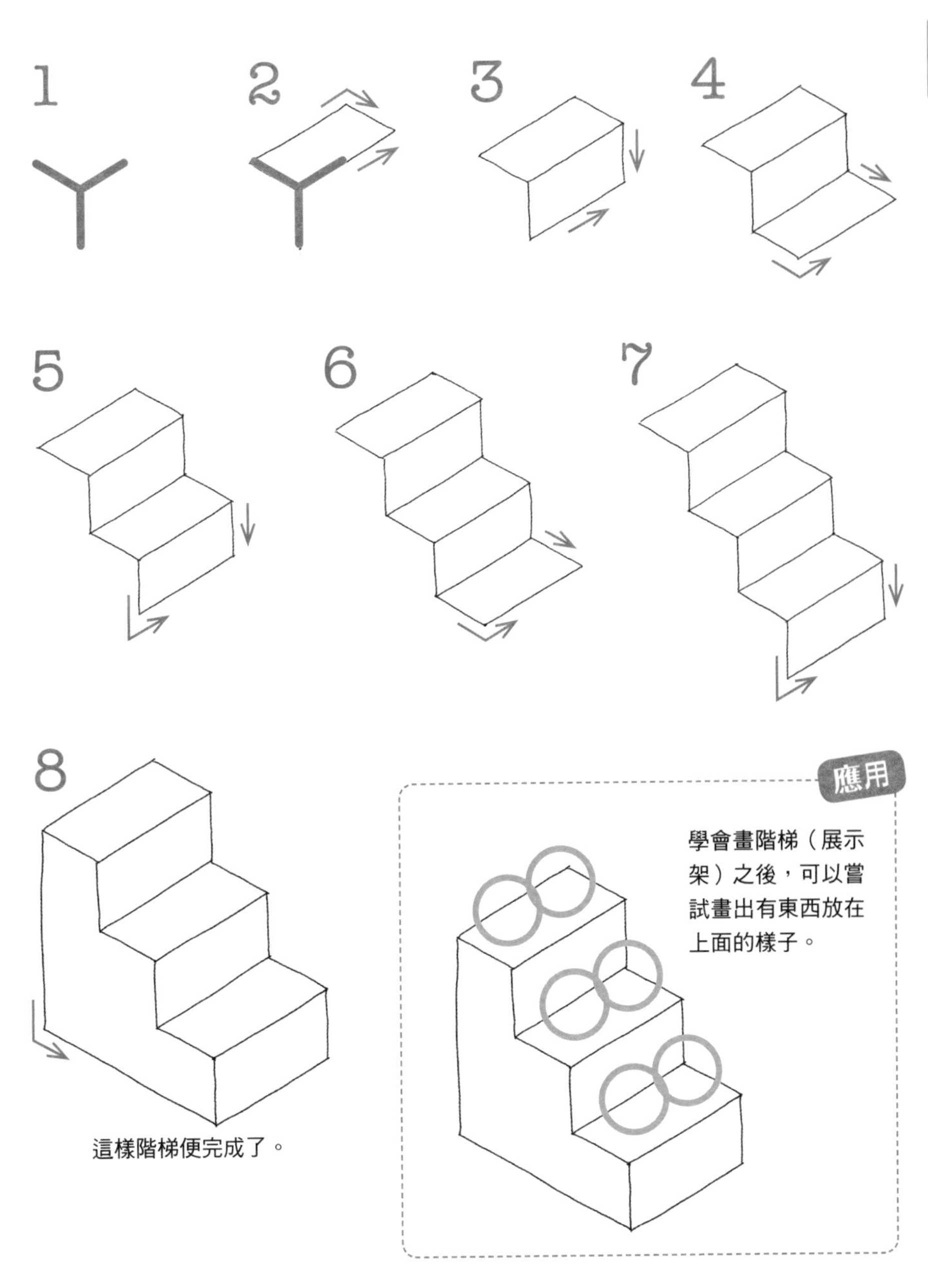

這樣階梯便完成了。

Column

表現物體尺寸的方法

開會的時候，有可能會遇到需要向其他人說明物體尺寸的狀況。用「從這裡到這裡是多少多少公分」的方式口頭說明固然好，但藉由畫圖一目瞭然地將尺寸標示出來，肯定能讓他人更加確實地接收到資訊。

建築物或樹木等物體，可以先畫一條線代表地面，以此為基準標示高度，這樣能幫助觀看者更容易理解。

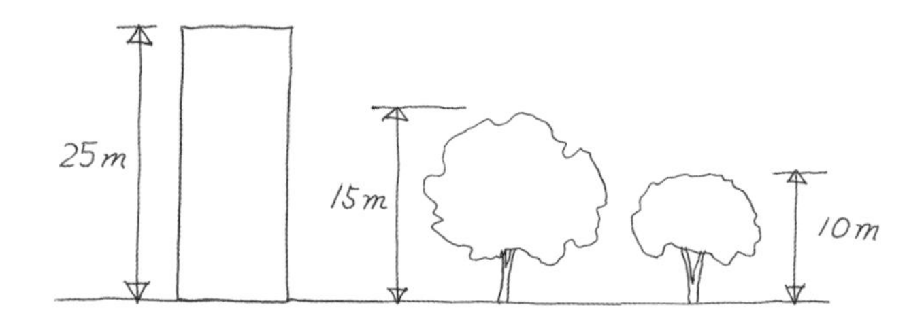

一般的商品之類的物品，用斜上方俯視圖、平面圖、側面圖這3種圖來標示尺寸，是最貼心的做法。經過了前面的練習，相信對你而言畫出這些圖並不難。

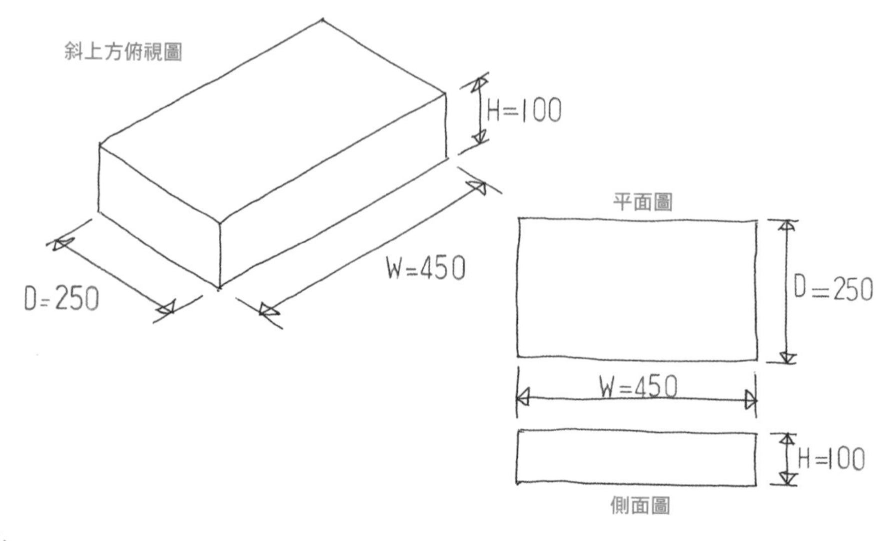

Part 7

學會畫出立體的圖 實踐篇

Part 7將教你如何在Part 6學的立體圖形上增添各式各樣的變化，練習畫出更具實用性的「立體的圖」。

這一章的目標和Part 5的「平面的圖」一樣，是幫助你學會如何迅速畫出自己想傳達的概念（圖），並讓圖具備立體感。

如果能隨心所欲畫出立體的圖，就沒有東西難得倒你了。具備這項能力，便有辦法畫出任何你想畫的題材，並在工作上的各種場合派上用場。

Part 7
01

立體感的進階變化 ①表現厚度

在立體圖形的排列組合上再增添些許變化，就能畫出在工作上更便利、更具實用性的圖。以下會帶你練習這些進階技巧，首先是表現「厚度」。

表現厚度的技巧

想要表現出厚度時，邊緣部分的線要畫2道。這項技巧能讓你畫出更加逼真的容器等物體。

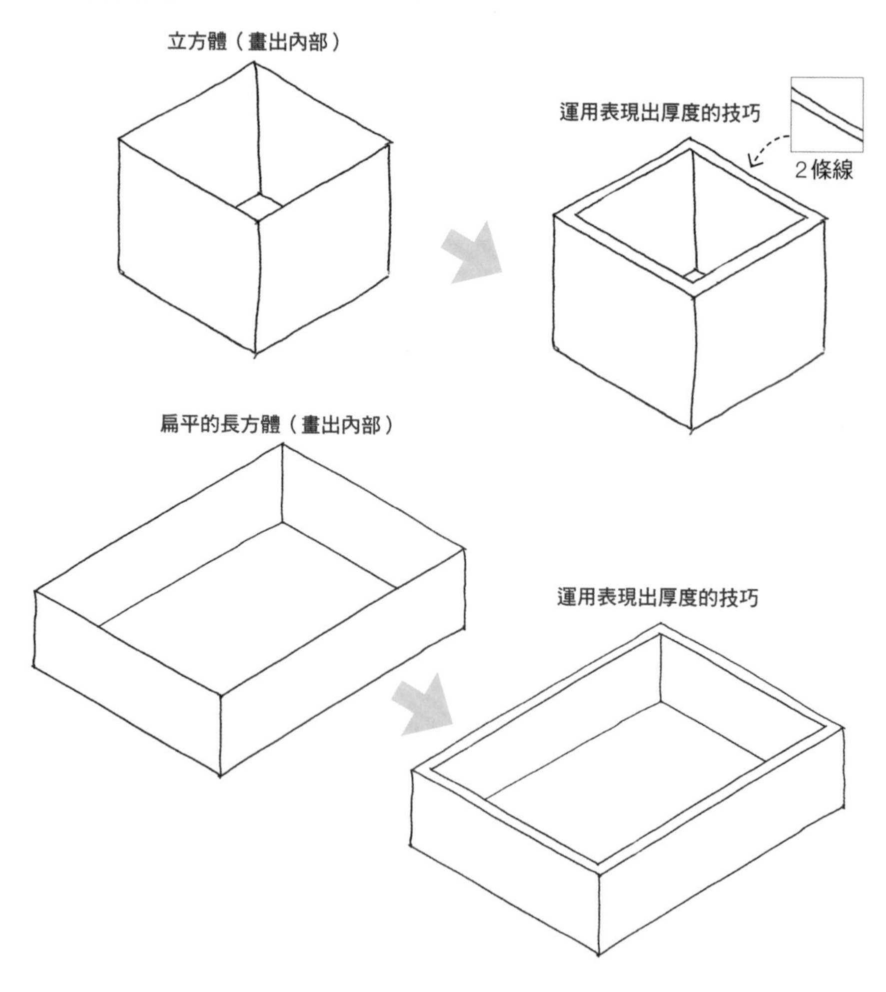

練習畫出「有厚度的容器內裝了各種商品」

應用p.122練習的「立體物內部的立體物」，並搭配表現厚度的技巧，就能畫出容器內裝了圓柱、長方體等不同形狀商品的感覺。

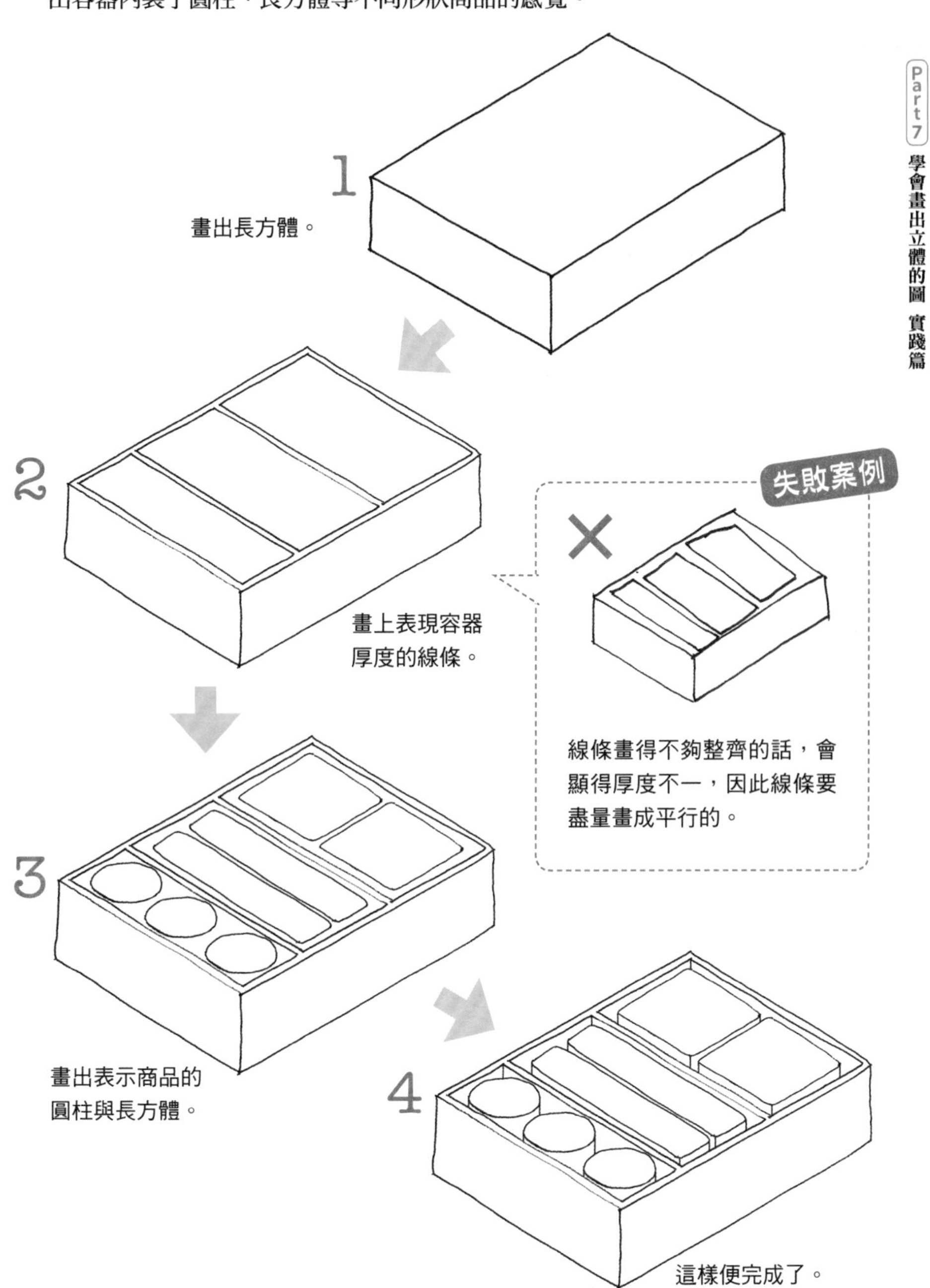

Part 7
02

立體感的進階變化 ②畫出邊角的圓潤感

家電產品或文具等商品因考量到安全，幾乎都會將邊角部分做得較為圓潤。在立體的圖中表現出這種圓潤感，會讓圖看起來更為逼真。

表現圓潤感的技巧

想正確畫出帶有圓潤感的邊角，要依以下的步驟來畫。建議先使用**「魔擦筆（p.26）」**來練習。

1

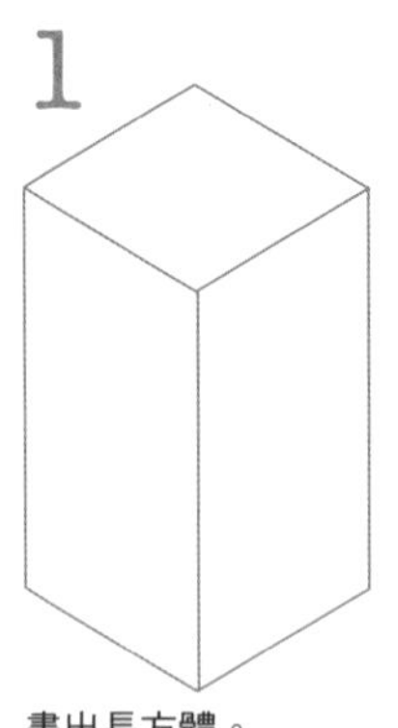

畫出長方體。

2

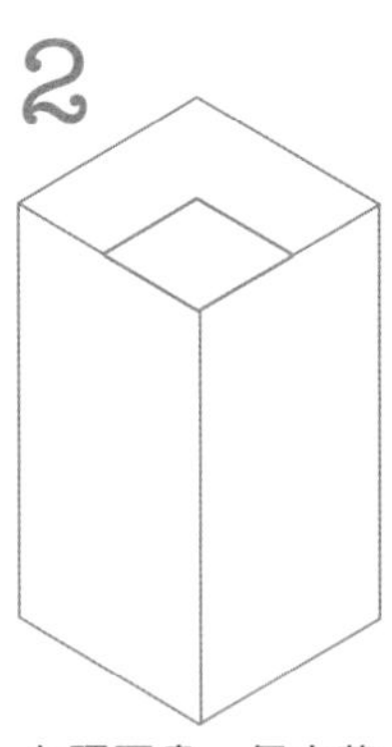

在頂面畫一個小菱形（形狀近似頂面）。

3

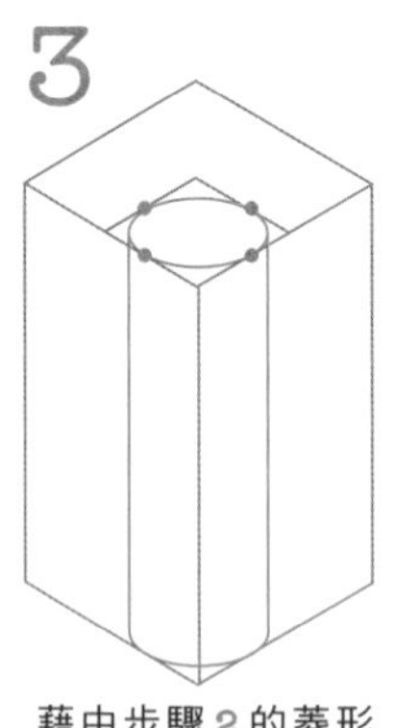

藉由步驟2的菱形畫出圓柱（p.116）。

4

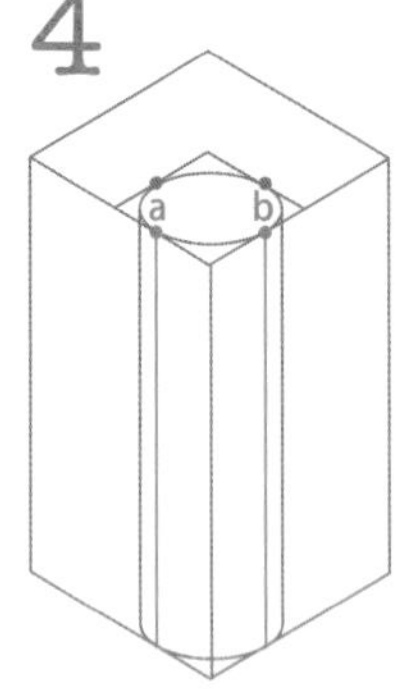

從長方體上的a、b兩點往下畫垂直線。

5

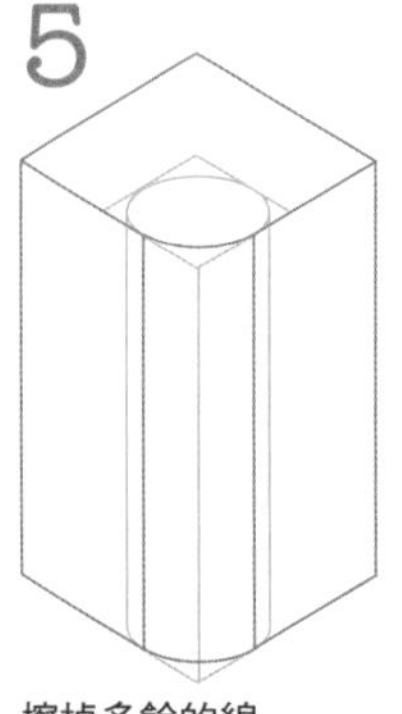

擦掉多餘的線（———）。

6

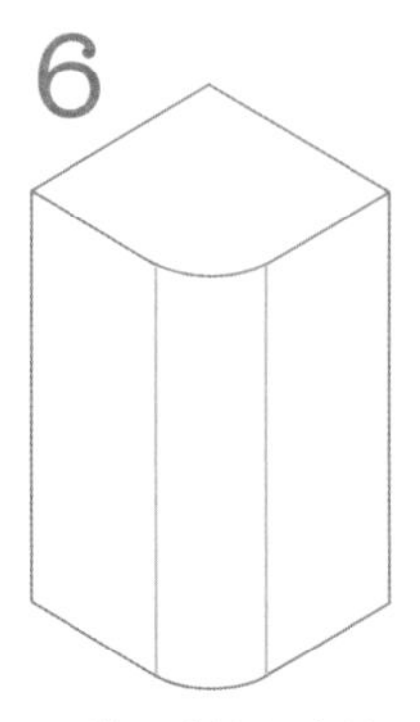

再進一步擦掉多餘的線（———）。

7

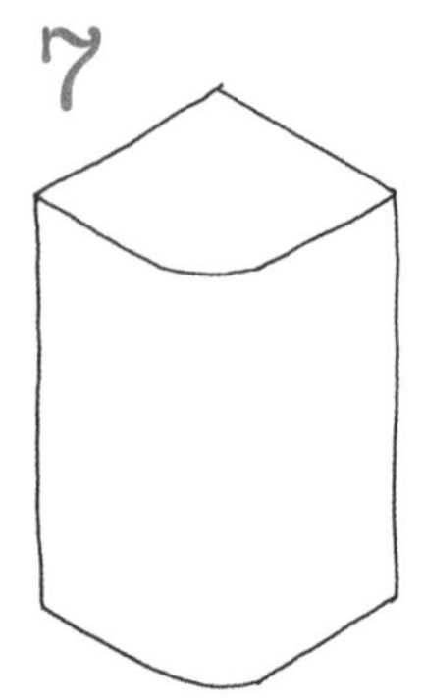

這樣便完成了。

練習直接畫出來

記住上一頁的內容之後，可以練習試著直接畫出來。重點在於步驟2與4的弧線要畫得看起來一致。

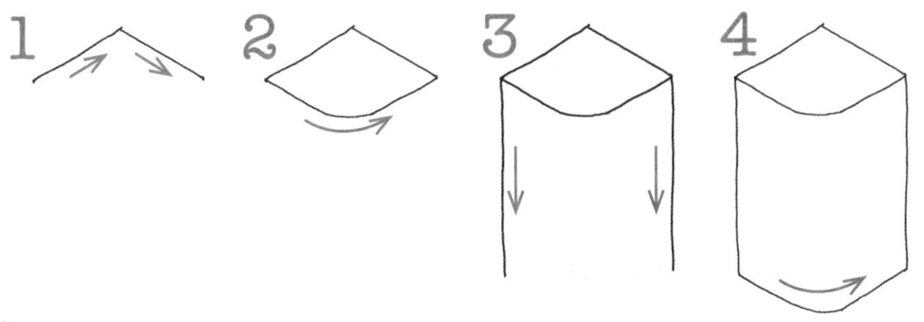

所有邊角都畫出圓潤感

如果立體物的邊角全都用上一頁教的方法畫出圓潤感，會像A那樣，反而失去立體感。這時就要比照B及C的方式在邊角加上輔助線，表現出立體的圓潤感。

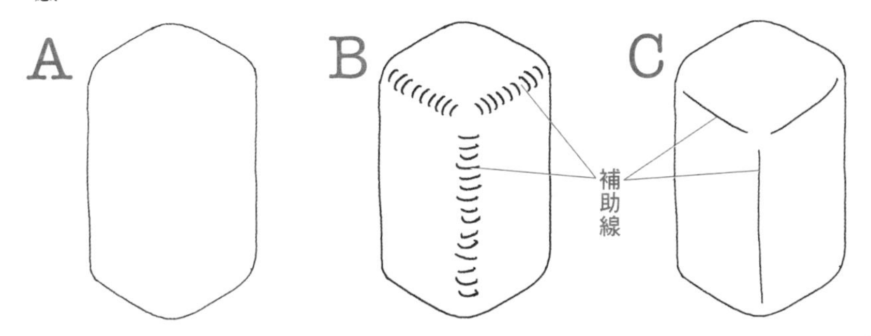

應用

✓球體的立體圓弧感

如果想表現球體的立體圓弧感，必須畫上陰影。沒有陰影的話，就只是單純的「圓」（A）。若是仔細畫上陰影，看起來便會像「球」（B）。不過這樣畫比較花時間，因此只要能畫得像C那樣就足以讓其他人看懂了。

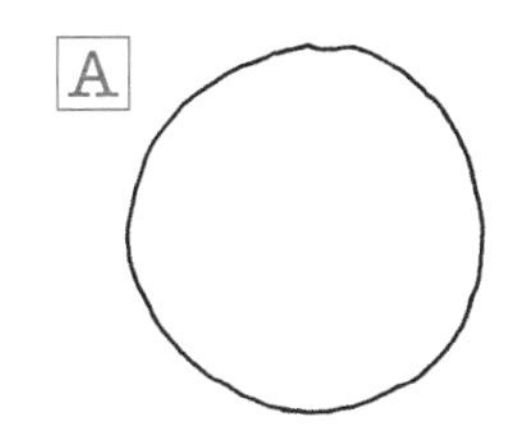

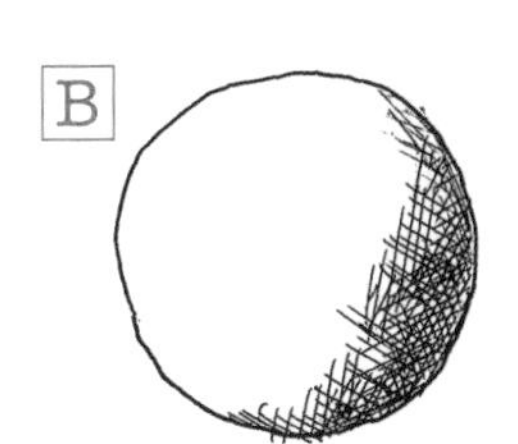

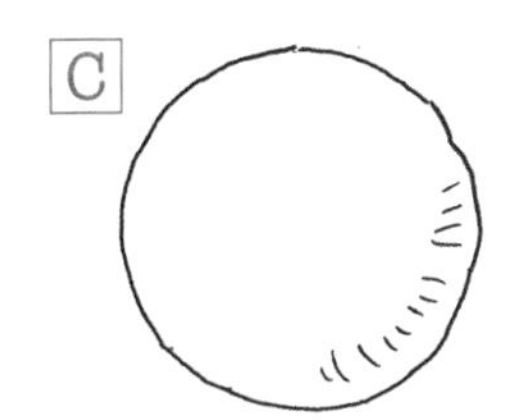

Part 7

03

立體感的進階變化 ③畫出各種質感

單單只畫一個立體圖形出來，常會讓人不知道你想表達什麼。但如果稍微加上一些「質感」，就能使單純的立體圖形看起來逼真許多。

替單純的立體圖形增添「質感」

應該要加上什麼樣的質感才好，取決於你要畫的題材，這個單元會介紹幾個可以直接用出來的例子。由於這已經相當接近「繪畫」的技法了，因此不用勉強自己學會，只要能理解「喔，原來這樣畫就行」便已經足夠了。

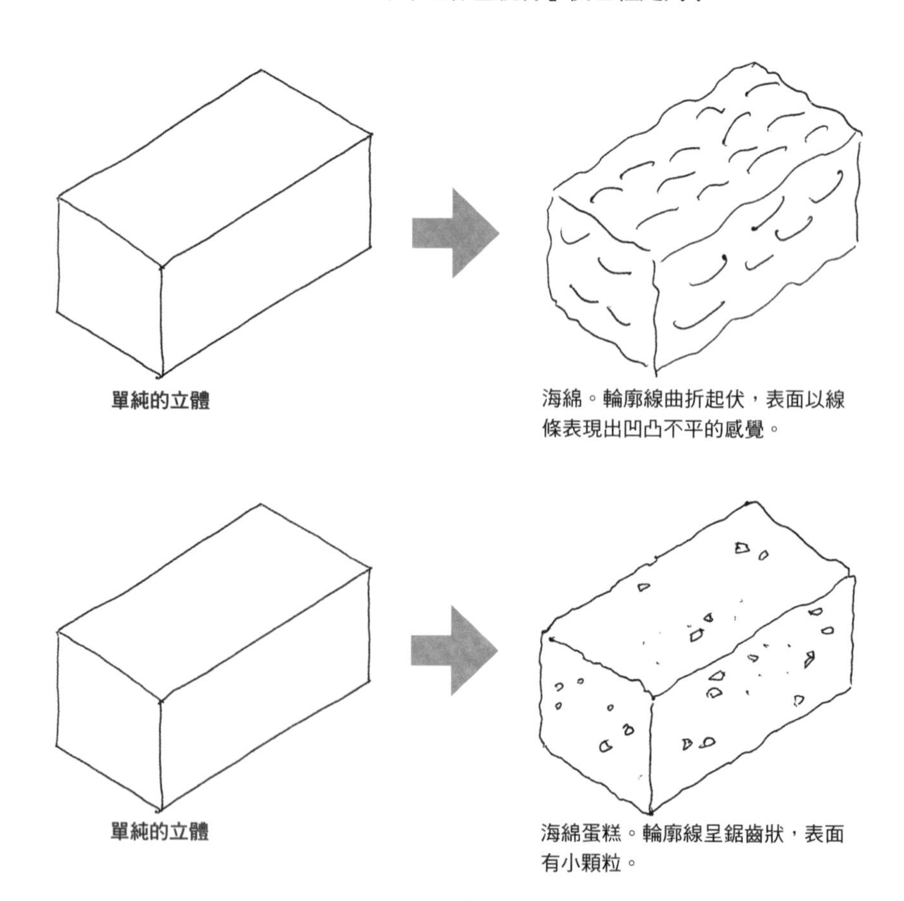

單純的立體

海綿。輪廓線曲折起伏，表面以線條表現出凹凸不平的感覺。

單純的立體

海綿蛋糕。輪廓線呈鋸齒狀，表面有小顆粒。

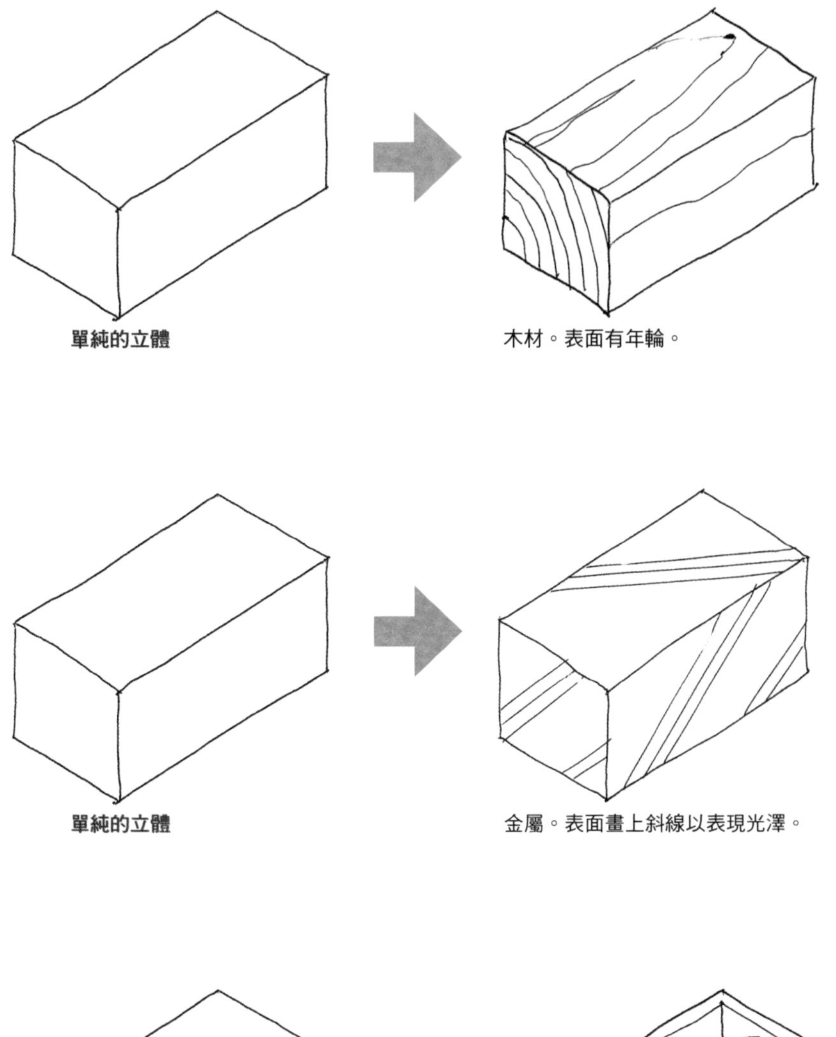

單純的立體

木材。表面有年輪。

單純的立體

金屬。表面畫上斜線以表現光澤。

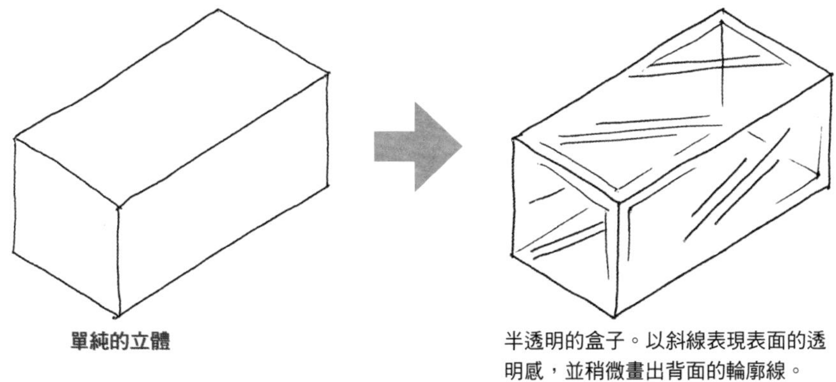

單純的立體

半透明的盒子。以斜線表現表面的透明感，並稍微畫出背面的輪廓線。

Part 7
04

長方體的進階變化

這個單元開始，要練習在單純的立體圖形上增加一些零部件，畫出日常生活中常見的物品。首先來練習畫從長方體變化而來的「櫥櫃」。

練習畫櫥櫃

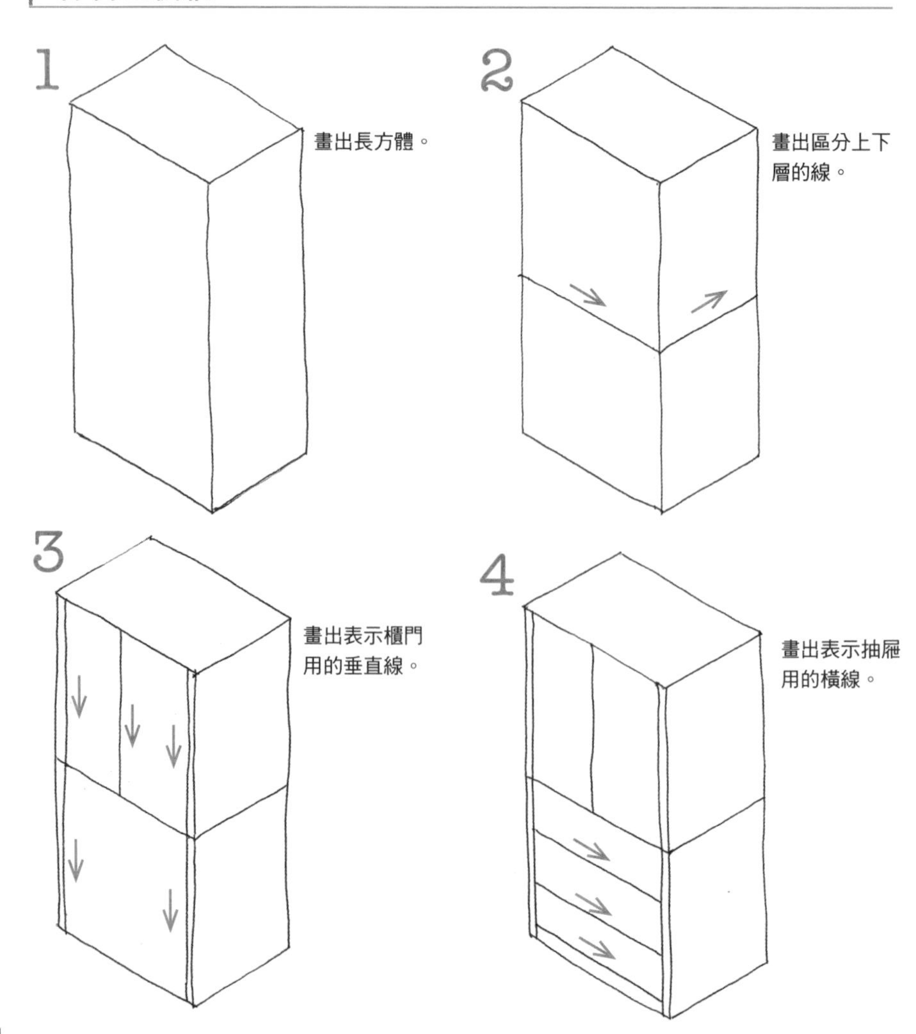

5

畫上表現出
櫃門厚度的
線條。

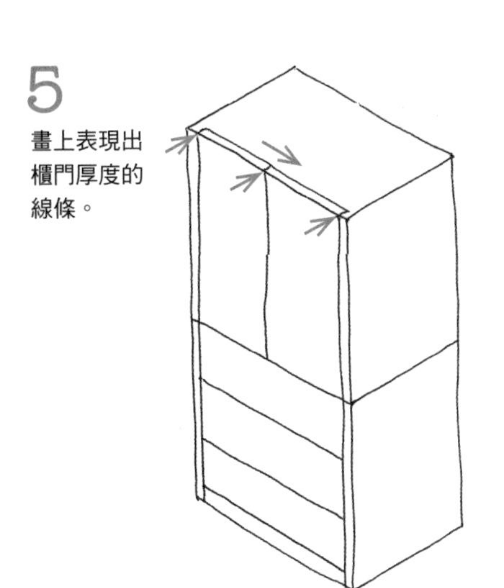

6

再畫上把手便
完成了。

應用

✓可以用長方體畫出的物品

以長方體搭配不同的進階技巧，便能畫出各式各樣的物品。以下是一些畫起來相對簡單的例子，不妨當作參考。

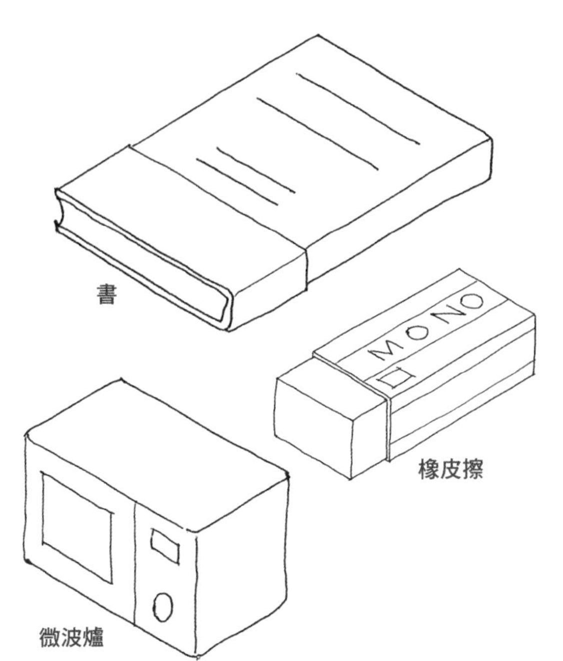

書

橡皮擦

微波爐

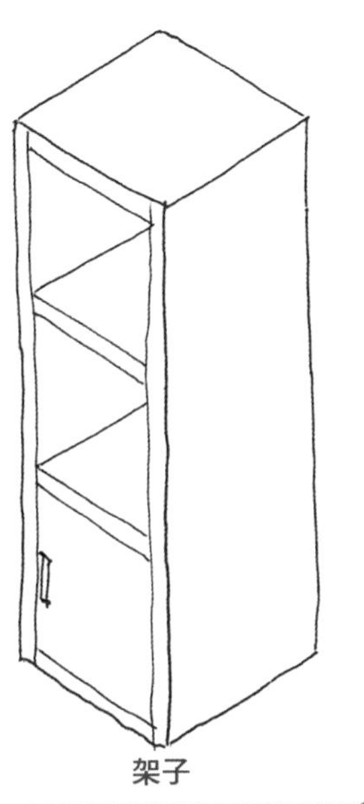

架子

Part 7
05

圓柱的進階變化

接下來要練習的，是由圓柱變化而來的「咖啡杯」。畫咖啡杯的重點在於表現出杯身與把手的厚度。

練習畫咖啡杯

1

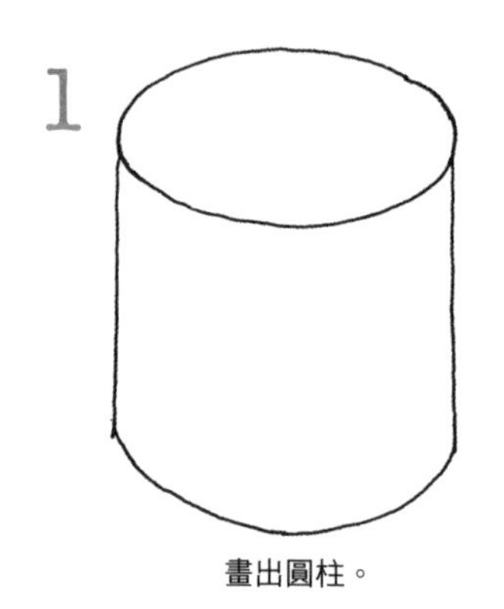

畫出圓柱。

2

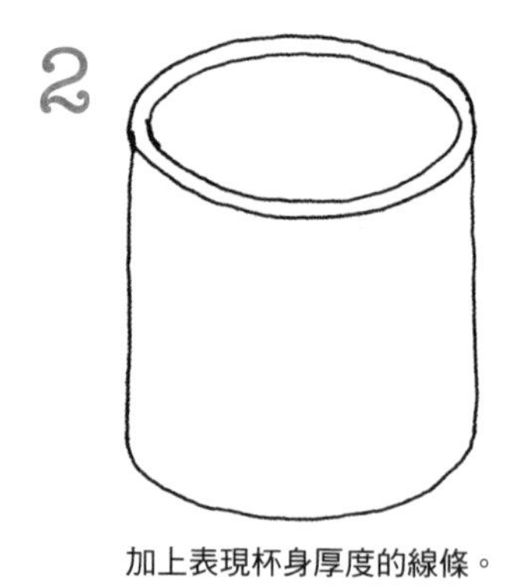

加上表現杯身厚度的線條。

3

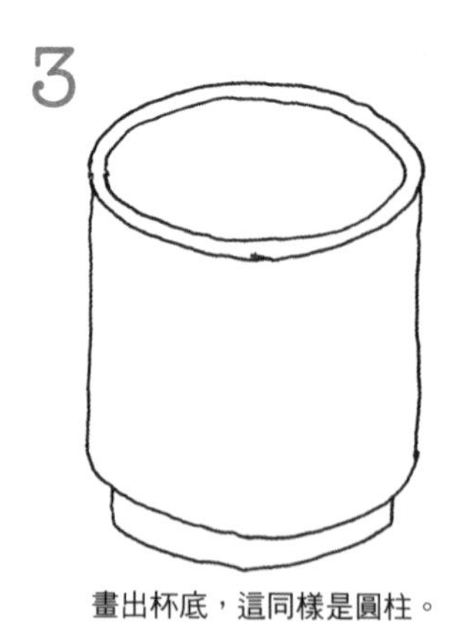

畫出杯底，這同樣是圓柱。

4

畫出把手。

5

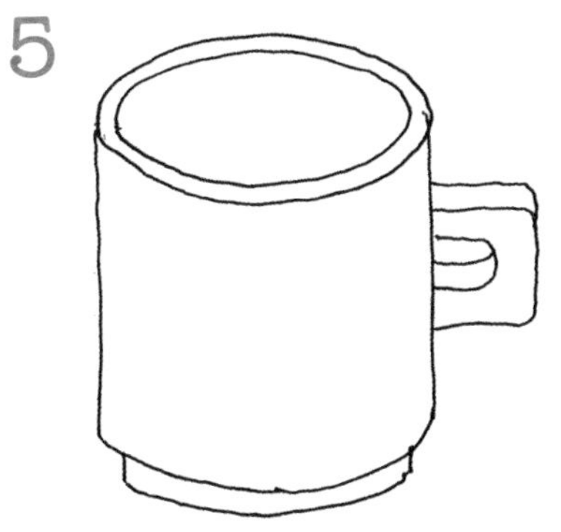

畫出表現把手厚度的線條。

6

液體部分加上塗滿的效果（p.56），這樣便完成了。

✓可以用圓柱畫出的物品

以下是一些用圓柱搭配不同進階技巧，便能輕易畫出來的物品，不妨當作參考。

Part 7
06

立體圖形排列組合的進階變化①

在排列組合長方體、圓柱等不同立體圖形所畫出來的物品中，首先要練習畫「雞尾酒杯」。重點在於表現出杯身上方到杯腳間的線條變化。

練習畫雞尾酒杯

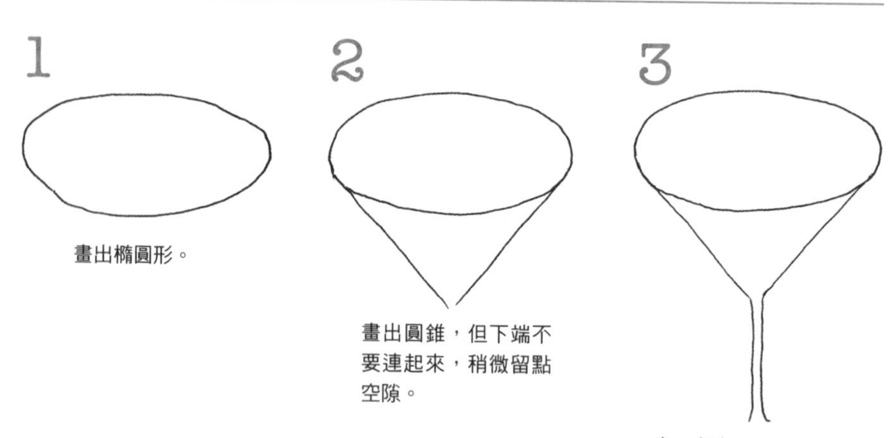

1 畫出橢圓形。

2 畫出圓錐，但下端不要連起來，稍微留點空隙。

3 畫一個細圓柱當作杯腳。下端的線條稍微往旁邊張開，不要連起來。

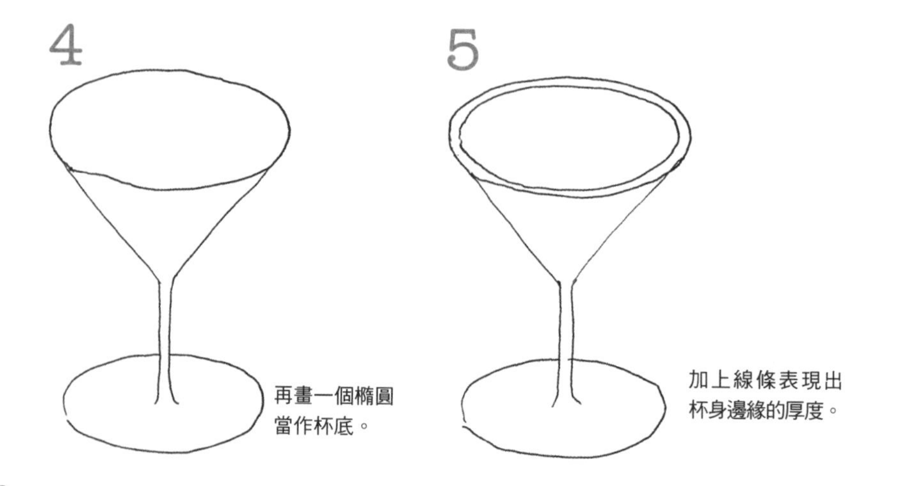

4 再畫一個橢圓當作杯底。

5 加上線條表現出杯身邊緣的厚度。

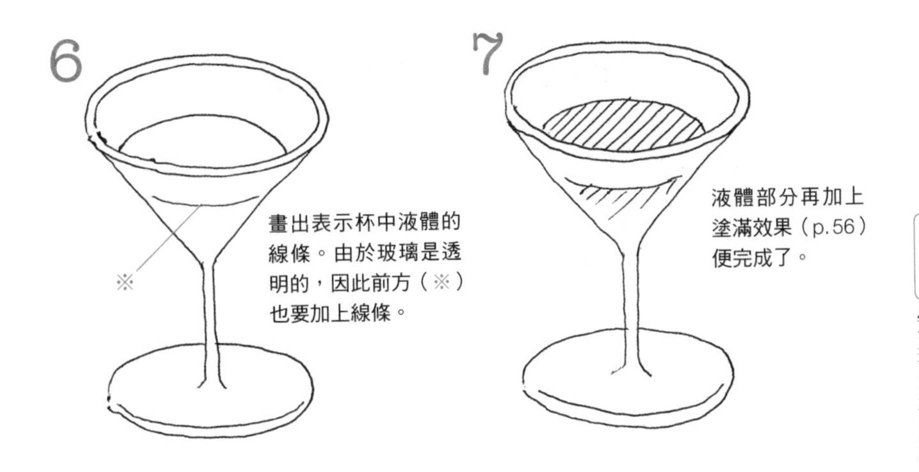

✓排列組合立體圖形畫出的物品①

長方體、圓柱等不同的立體圖形排列組合在一起，可以畫出各式各樣的物品，以下是一些畫起來相對簡單的例子。

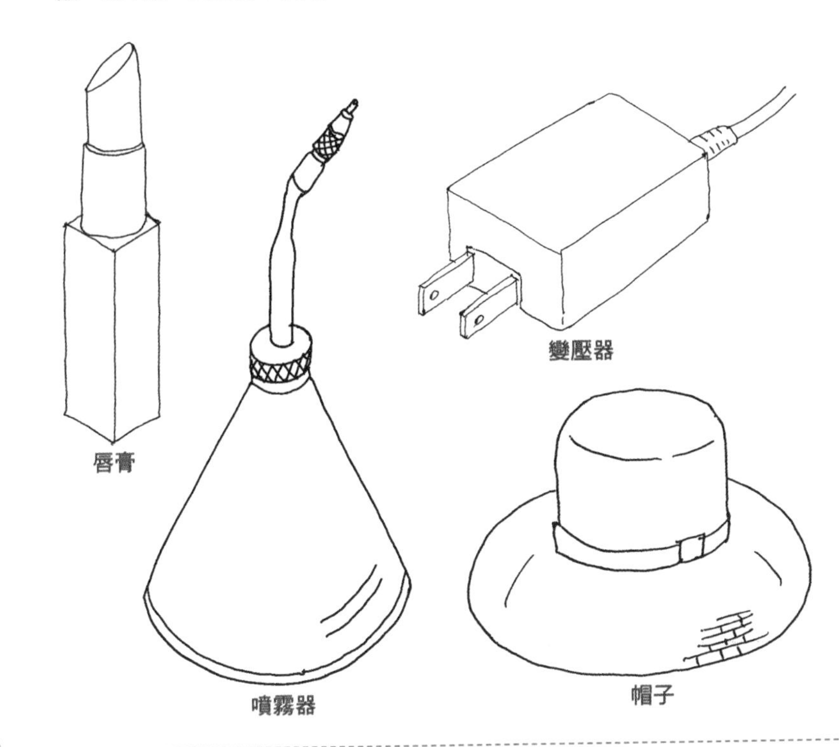

Part 7
07

立體圖形排列組合的進階變化②

筆記型電腦基本上是扁平的長方體組合而成，但又有一些稍微複雜的元素。如果想畫得更為逼真，重點在於畫出邊角部分的圓潤感。

練習畫筆記型電腦

1

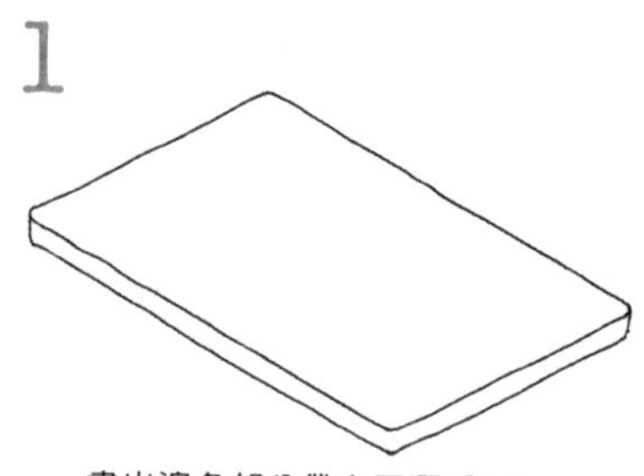

畫出邊角部分帶有圓潤感的扁平長方體。

2

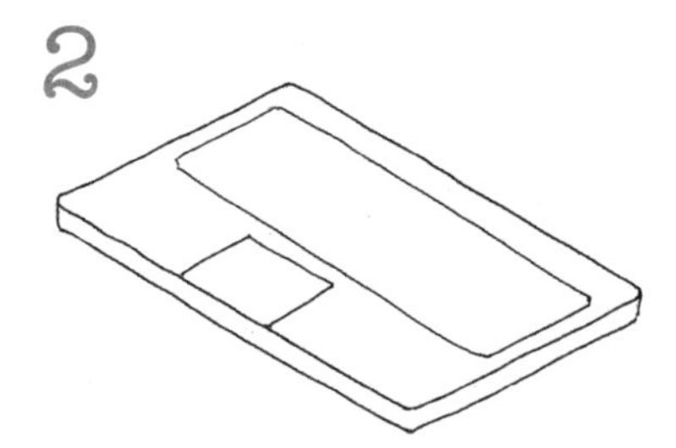

畫出鍵盤與觸控板的形狀。

3

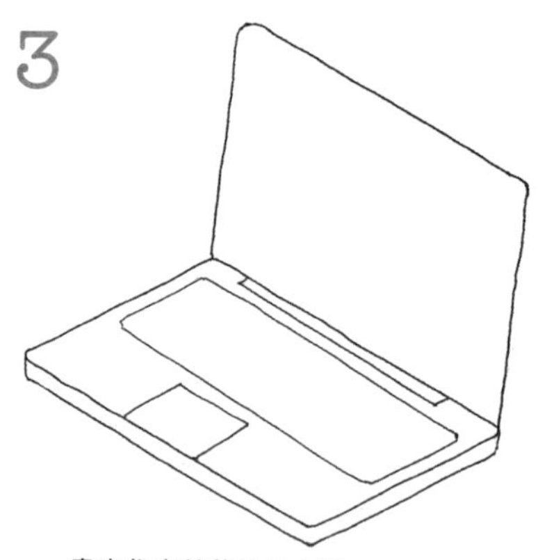

畫出代表螢幕的長方形，邊角部分要有圓潤感。

4

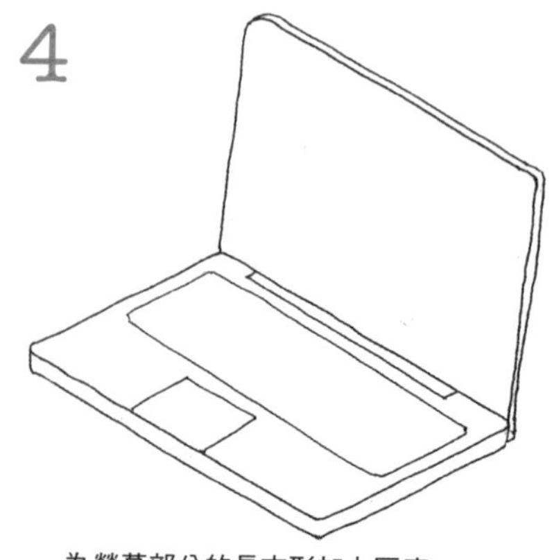

為螢幕部分的長方形加上厚度。

5

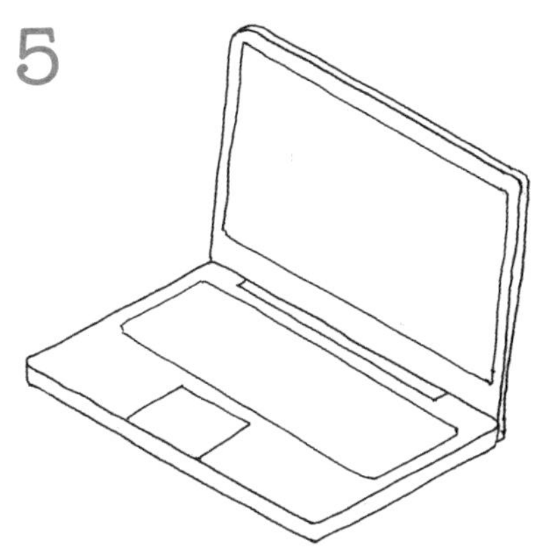

畫出代表畫面的長方形。

6

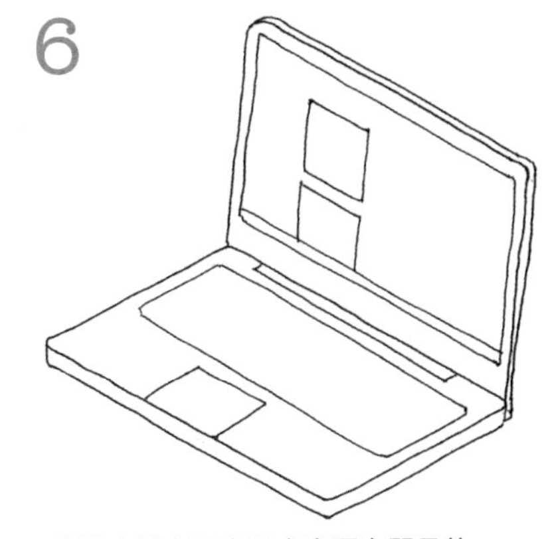

稍微畫點東西表現出畫面上顯示的內容便完成了。

應用

✓排列組合立體圖形畫出的物品②

以下是排列組合不同立體圖形所畫出的物品中，構造較為複雜者，不妨試著挑戰看看。

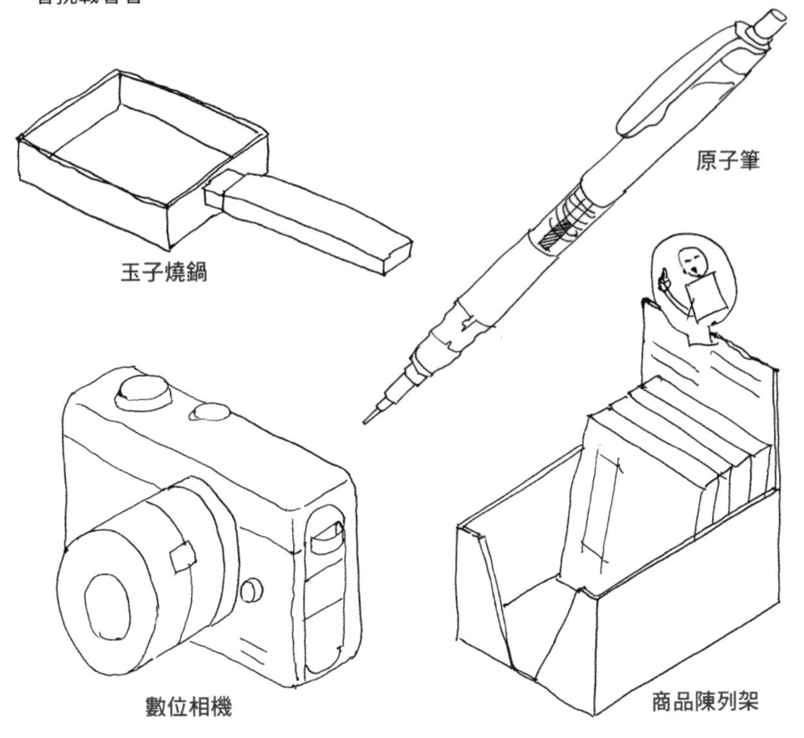

Part 7
總結

練習畫結構複雜的物品（椅子）

在Part 7的最後，要來練習畫結構較為複雜的「椅子」當作這一章的總結。基本上，椅子可以想成是各種不同的長方體所組成的。雖然椅腳及椅背部分有許多複雜的交叉構造，但只要靜下心來，跟著範例一步一步畫就沒問題了。坐墊部分則需要運用技巧表現出蓬鬆的感覺。

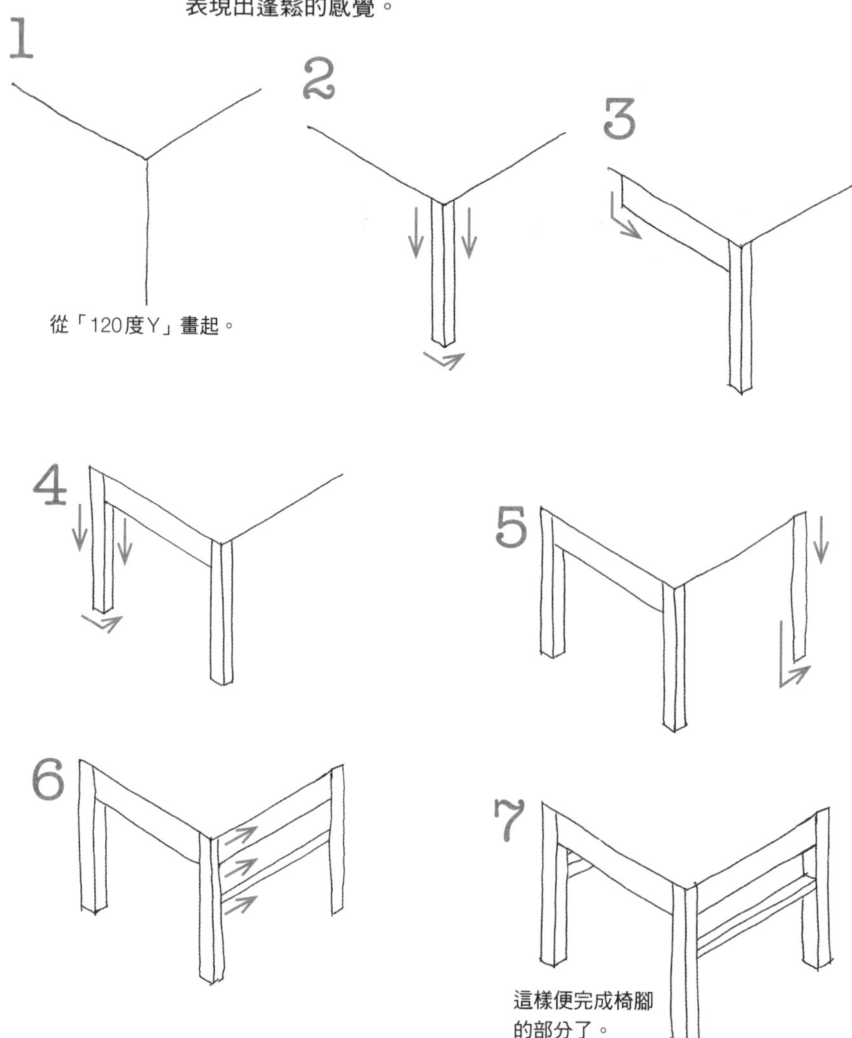

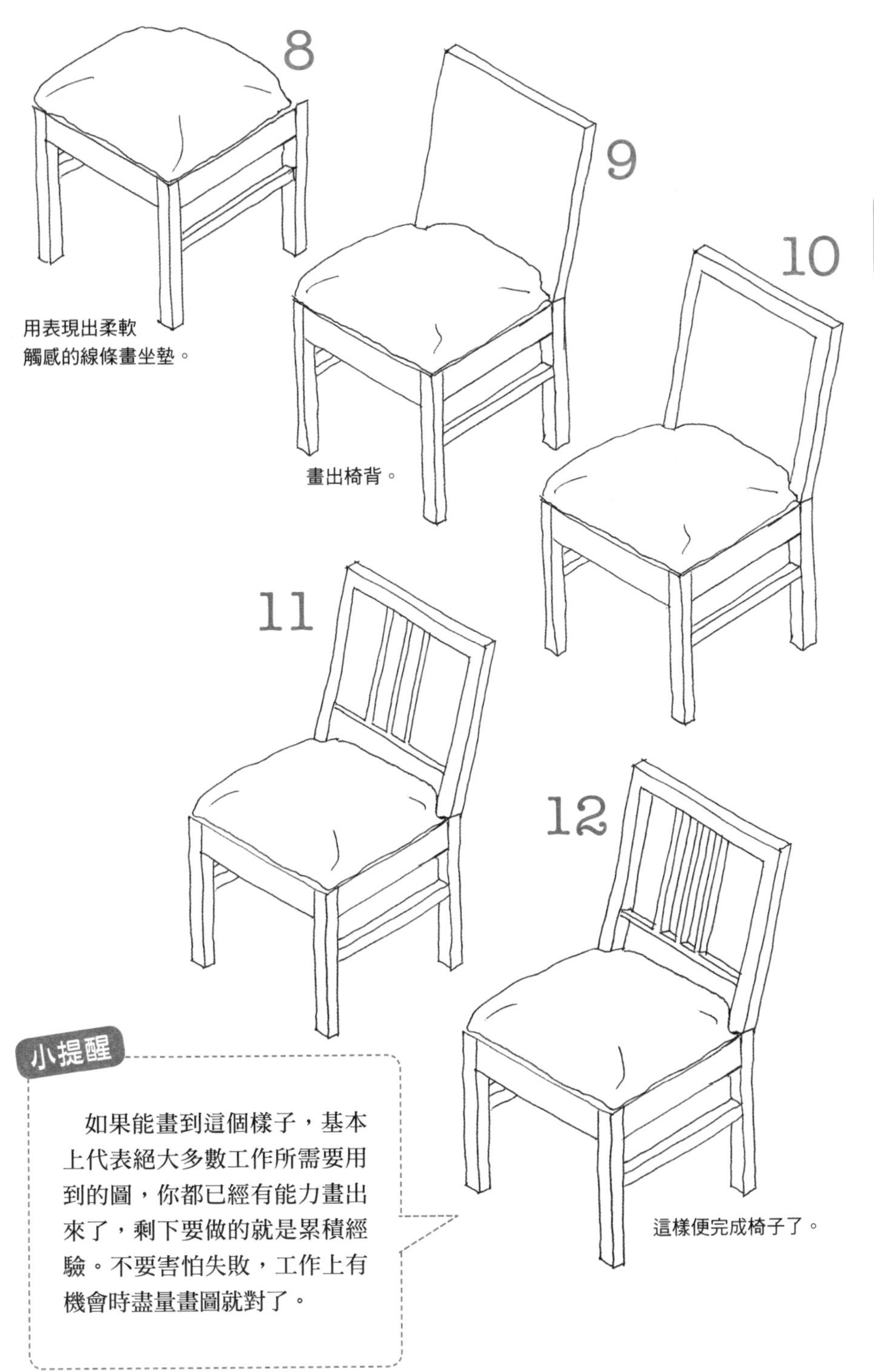

小提醒

如果能畫到這個樣子，基本上代表絕大多數工作所需要用到的圖，你都已經有能力畫出來了，剩下要做的就是累積經驗。不要害怕失敗，工作上有機會時盡量畫圖就對了。

Column

立體圖形表面的文字

討論商品外包裝之類的主題時，可能會遇到表面需要加上商標等文字的狀況。雖然只要照右邊2個例子的方式畫就好，但要符合立體的形狀完美畫上文字會耗費不少時間，如此一來就偏離了本書原本設定的目標，也就是在1分鐘以內迅速畫出圖。

因此我經常使用以下介紹的這個方法。那就是商品上只標示出文字的位置與範圍，然後再拉一條線出來，另外寫出文字的具體內容。這樣就能在工作上確實且迅速地傳達你的想法。

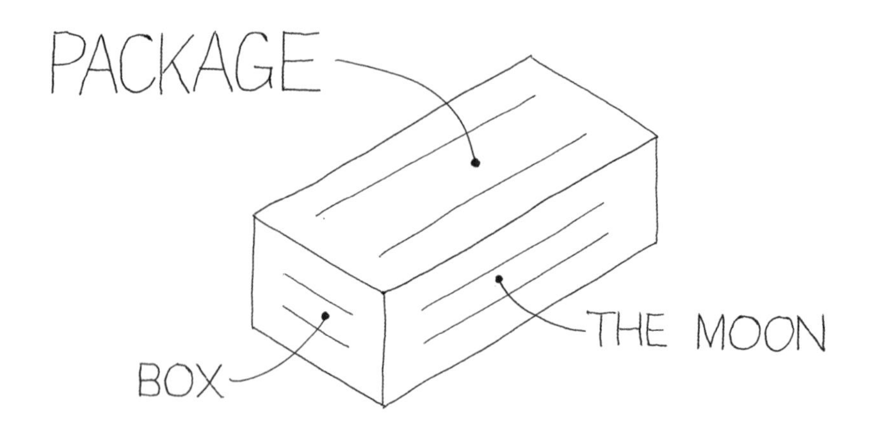

Part 8

其他方便
又實用的表現技巧

一路練習到Part 7之後，我想你應該已經能畫出完整的圖了。

最後一章要教你的，則是「具有遠近感的圖」與「人的畫法」這兩種更進階的表現手法。

由於本書的篇幅不足以收錄完整詳細的說明，因此只提供了最基本的必要資訊。將這些技巧學起來一定會對你的工作有幫助，請跟著一起練習。

Part 8
01

如何畫出「具有遠近感的圖」①

以下要說明的是更加進階的技巧——讓畫面看起來有遠近感。不過，由於這部分會牽涉到遠近法，有些內容連擅長畫畫的人也不是那麼清楚，因此只要抱持學到賺到的心態來理解就行了。

圖1 畫的是大廈入口的正面，這就是一張看起來有遠近感的圖。以下將逐步說明這張圖是如何畫出來的。

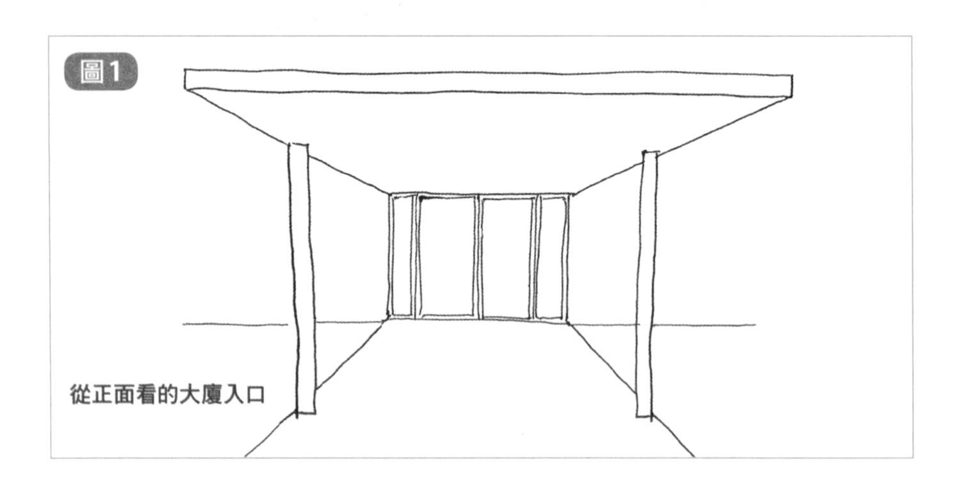
圖1
從正面看的大廈入口

步驟①決定「視線」與「集中點」

想畫出這樣的圖，首先得決定視線。所謂的視線，是指「畫這張圖的人（也就是你）眼睛的高度」。視線會隨畫圖者的身高、採站姿或坐姿而有所不同，為省去麻煩，就假定這張圖是身高170cm的人站著畫出來的。

接下來要決定集中點（※）。簡單來說，集中點指的是「所有物體的線條交會的點」。基本上，集中點會與視線同高。另外，由於這張圖是從正面畫的，因此集中點會位在與左右兩邊等距的畫面中央。

（※在繪畫用語中也叫作「消失點」。）

步驟①決定「視線」與「集中點」

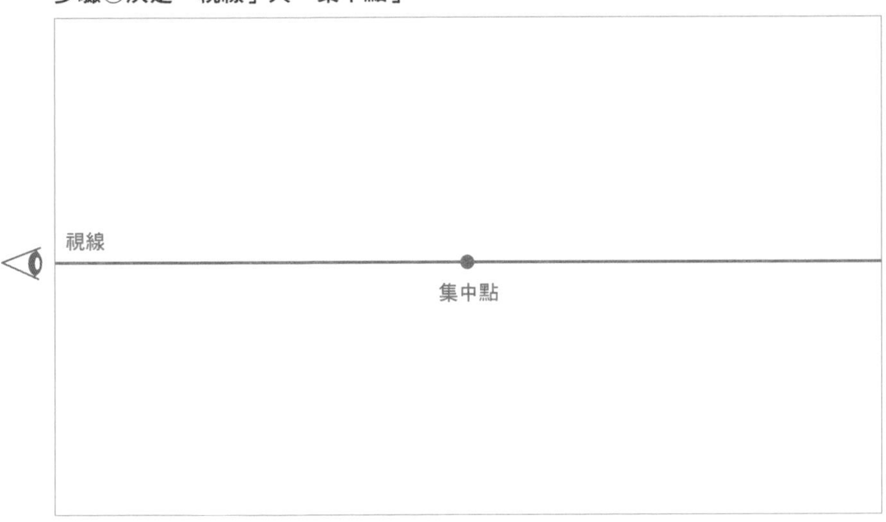

步驟②畫出入口的門

比照圖中的位置畫出入口的門。此時的重點是想像自己就實際站在門的旁邊，藉此決定門的尺寸要畫多大。還有另一項必須遵守的原則，就是自己的頭一定要在視線延伸出去的位置上。

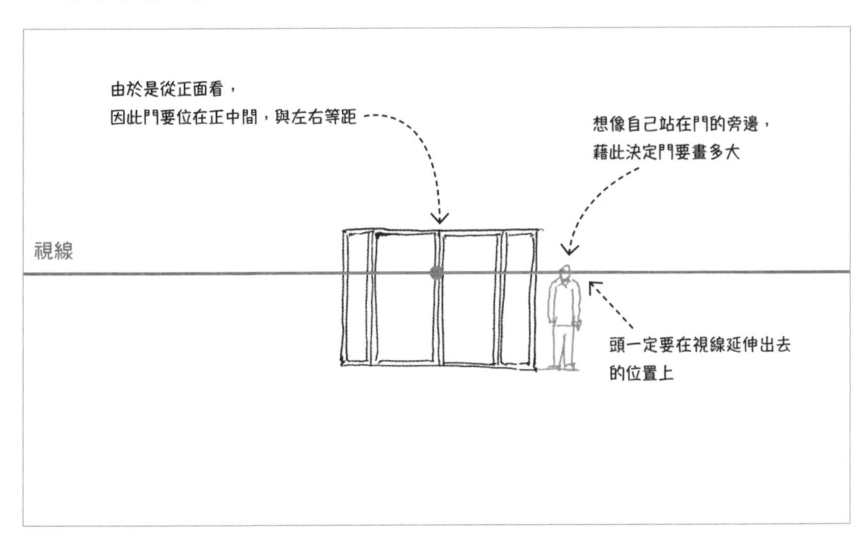

步驟③畫出表現屋頂與道路的線條

畫出入口屋頂的線條（a、b）與道路的線條（c、d)。a、b、c、d都分別通過門的邊角，交會於集中點。另外再畫一條線（e）通過門的下緣，用來表現地面。

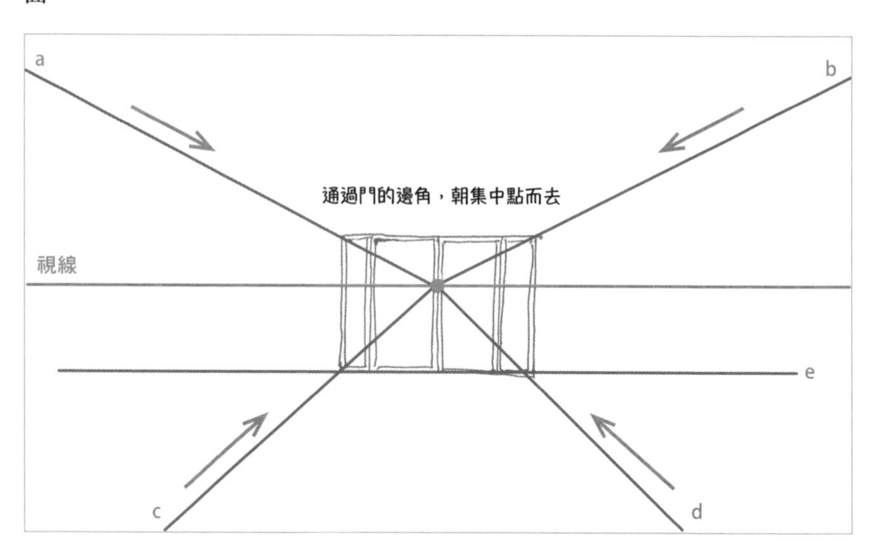

步驟④畫出屋頂的厚度與2根柱子

畫出入口處屋頂的厚度與2根柱子。因為是從正面看過去，柱子要畫得左右對稱。

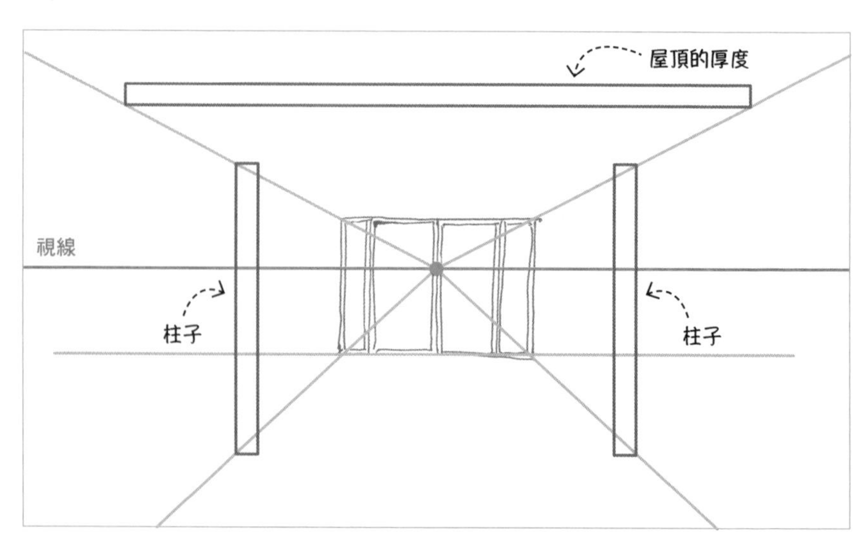

步驟⑤擦掉多餘的線條

擦掉多餘的線條後便完成了。

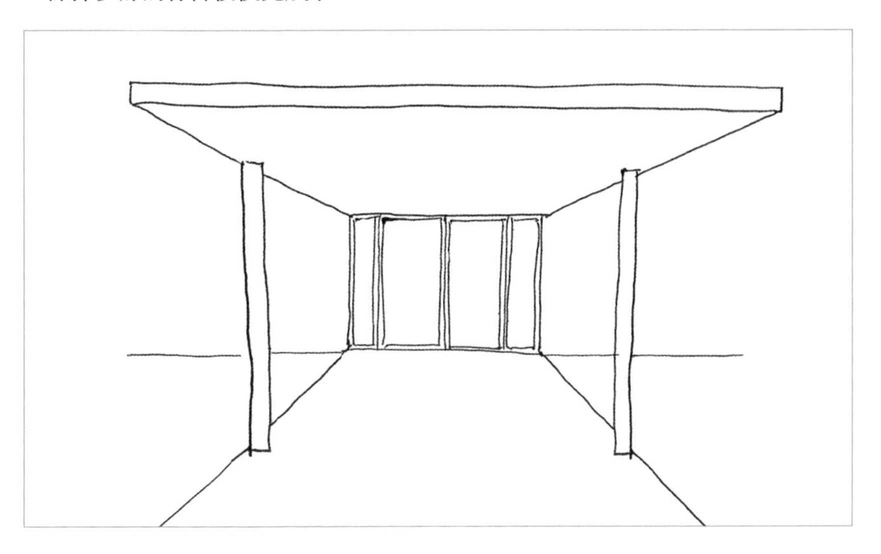

應用

✓畫圖者所在的位置會改變整張圖的角度

若畫圖者所在的位置不同，集中點的位置將跟著改變，整張圖所呈現的角度也會不一樣。但視線與集中點的原則並不會因此改變。

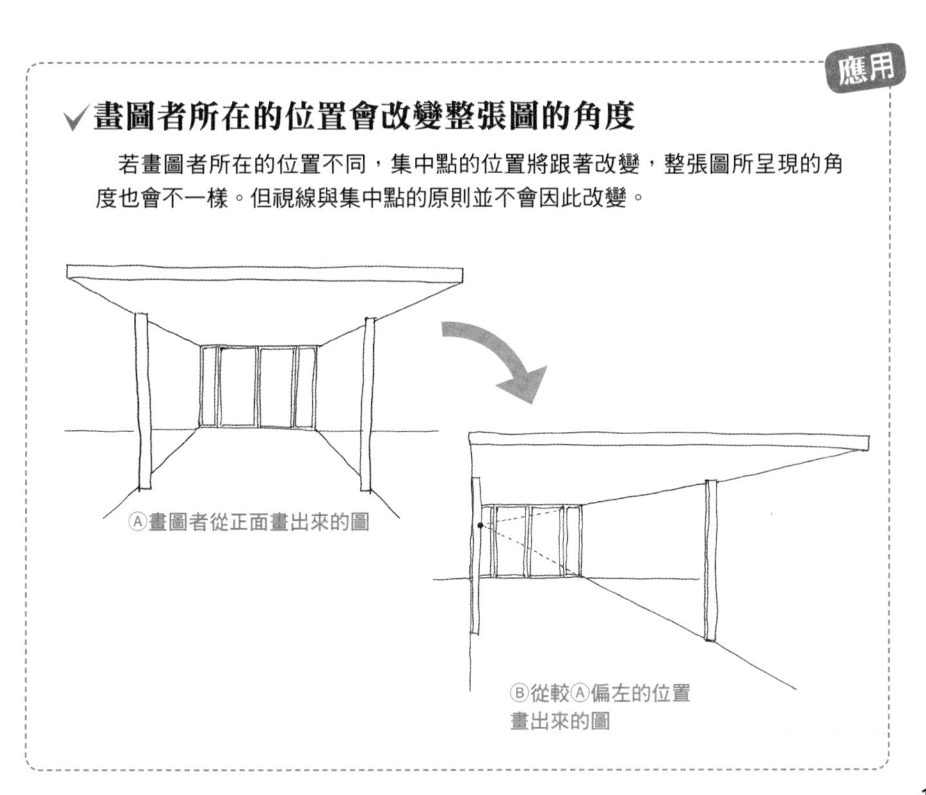

Ⓐ畫圖者從正面畫出來的圖

Ⓑ從較Ⓐ偏左的位置畫出來的圖

Part 8
02 如何畫出「具有遠近感的圖」②

如果理解了如何從「視線」與「集中點」畫出「具有遠近感的圖」，便有辦法畫出結構稍微複雜些的建築，以及室內的場景了。

公寓大廈的門口

下面這張圖乍看之下結構似乎很複雜，但仔細觀察會發現，表現出遠近感的所有元素其實最終都交會於位在視線上的集中點。

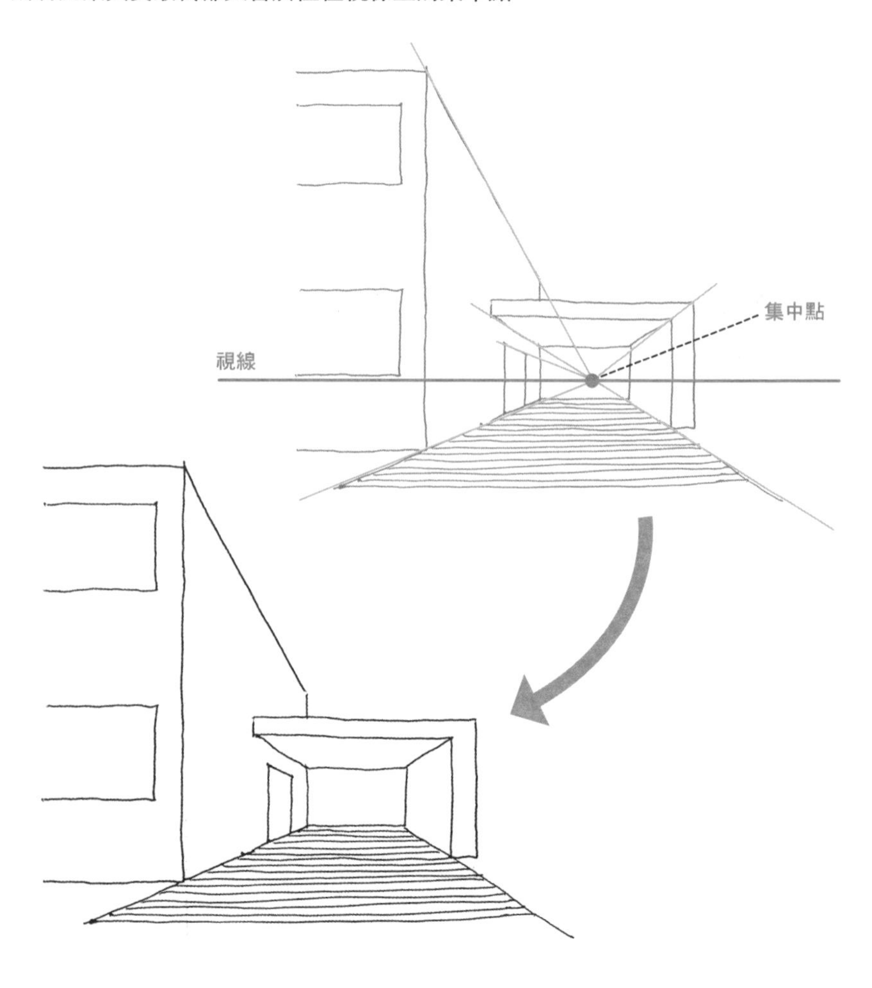

室內場景

同樣地，下面2張描繪室內場景的圖，也都是遵循視線與集中點的原則畫出來的。只不過由於畫圖者是採取坐姿，因此視線會比站著畫的室外的圖稍微低些。雖然畫這一類的圖難度相當高，但值得學起來。

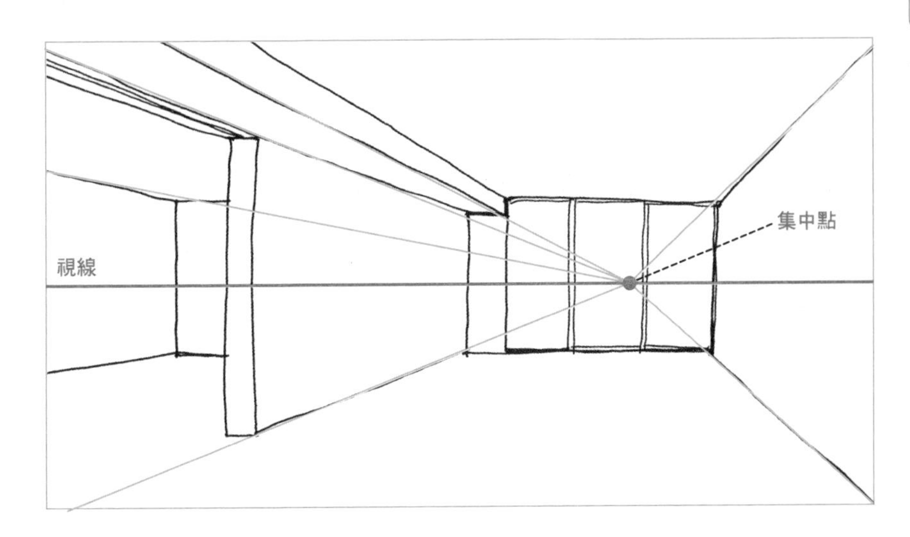

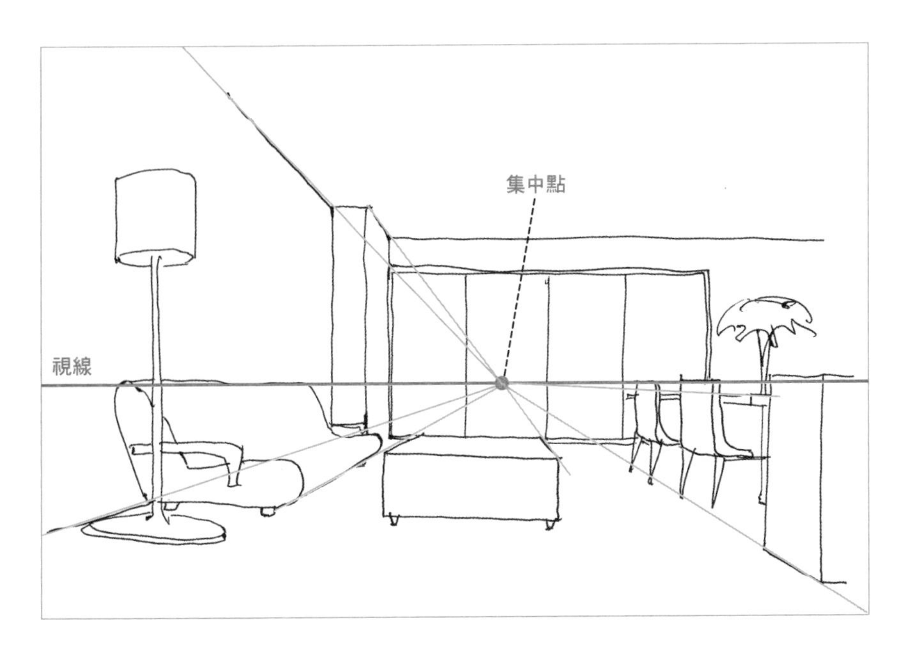

Part 8
03

如何正確畫「人」①「身高」與「頭身」

如果能在圖裡面正確地畫上「人」，觀看者就能藉由圖中其他元素與人的相對關係更清楚掌握到物品、空間的大小。尤其是要討論商品尺寸時，能正確畫出「人」的話會方便許多。

畫上「人」對於討論商品尺寸很有幫助

假設要討論的商品是一個附腳輪的架子。在決定置物的層板要做在多少公分的高度時，旁邊畫一個人會比單純只畫架子更能清楚傳達尺寸的比例。

工作上需要畫的「人」大概就像圖中這種感覺，不用太仔細去畫表情及服裝，只要能讓其他人看得出來這是一個「人」就行了。不過，「身高」與「頭身」（頭與身高的比例）則必須畫得正確。

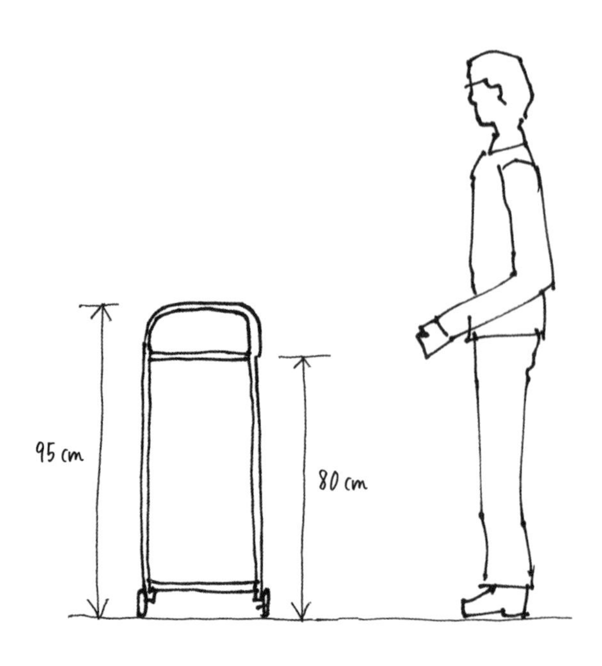

正確畫出「身高」與「頭身」

日本一般的成年男性身高約170cm，7頭身。女性會比男性稍微矮一些，但同樣是7頭身。兒童雖然會因年齡而有所不同，但基本上身高約是成人的一半，5頭身。由於通常畫成年人的機會最多，因此只要先學會正確畫出7頭身的人就行了。

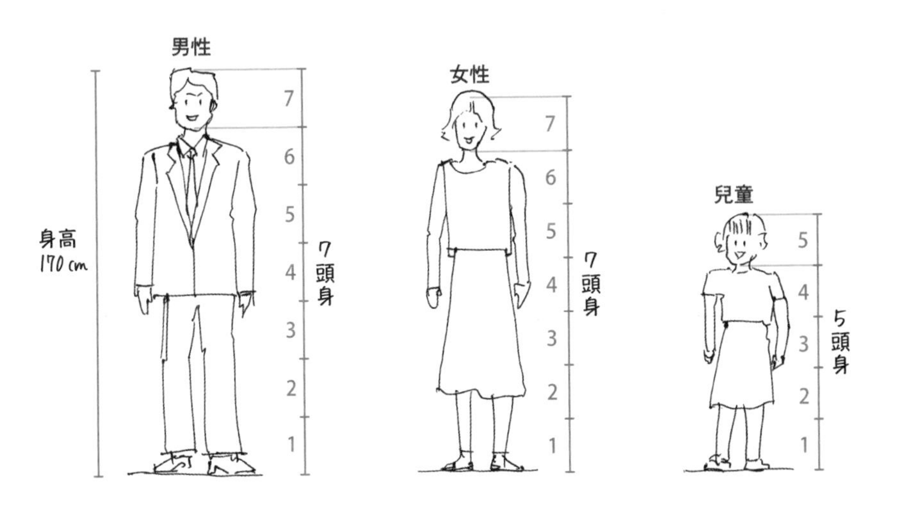

頭身沒畫好會無法正確表現尺寸的比例

原本應該是7頭身的人如果畫成了5頭身或10頭身的話，會無法傳達正確的尺寸比例。

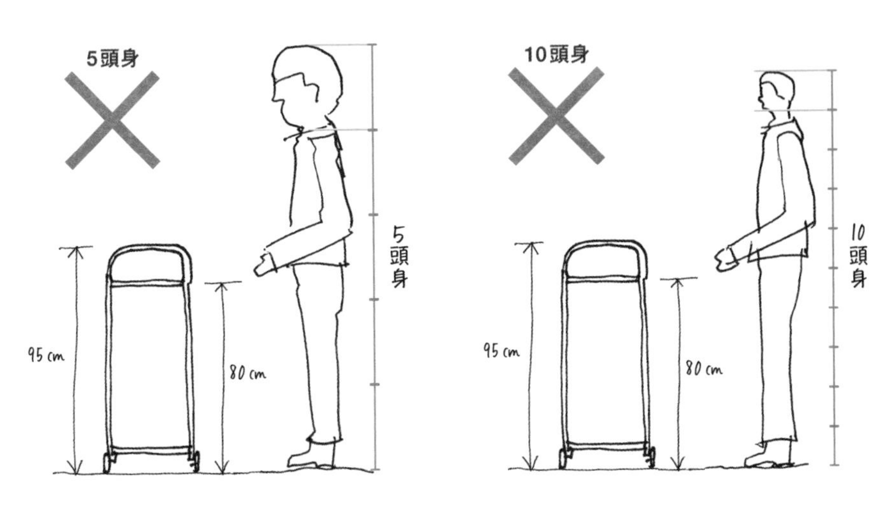

Part 8
04

如何正確畫「人」②
先畫部位再畫全身

那麼接著就來練習正確畫出「7頭身」的「人」。為了畫得正確，第一步要先了解人體是由哪些部位所構成的。

從構成人體的各部位畫起

首先像 圖1 那樣，將人體分成「頭」、「頸」、「身體」、「右手」、「左手」、「右腳」、「左腳」等7個部位。每個部位都是由橢圓形或長方形等基本圖形所構成。

接下來模仿 圖2 ，將7個部位組合起來，畫出人的全身。畫的時候要調整各個部位的比例，讓畫出來的人是7頭身。另外也要留意，手和腳是怎樣與身體連接在一起的。反覆練習畫這種全身的人體，能幫助你正確畫出「人」。

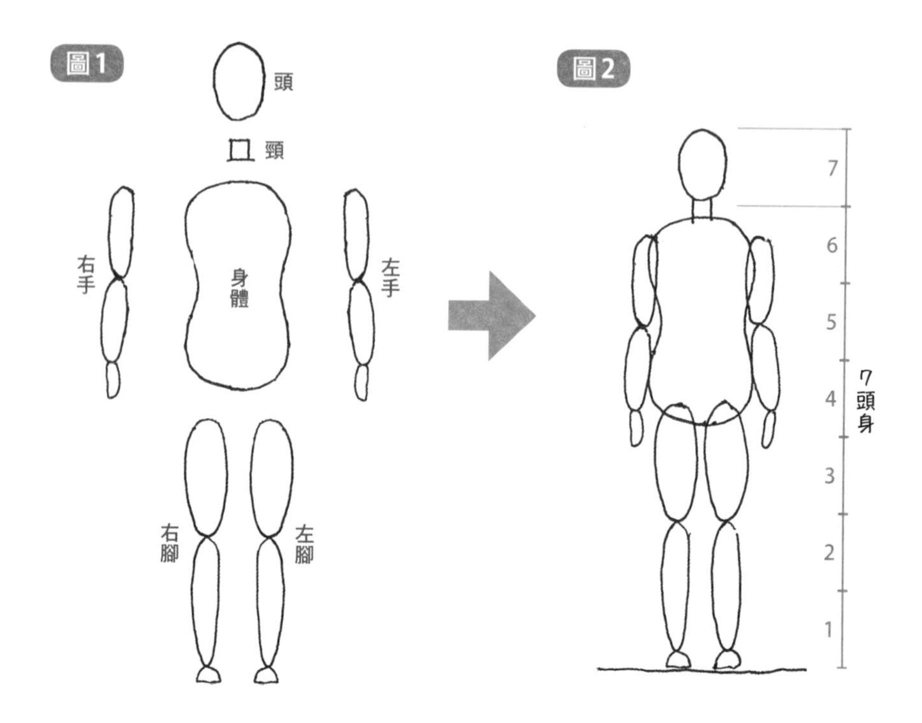

練習畫各種姿勢

會畫 圖2 之後，就來練習像 圖3 一樣，畫出手舉起、放下等各種不同的姿勢。從圖中可以看出，手臂轉動的時候就像是以肩膀為軸心畫圓一樣。

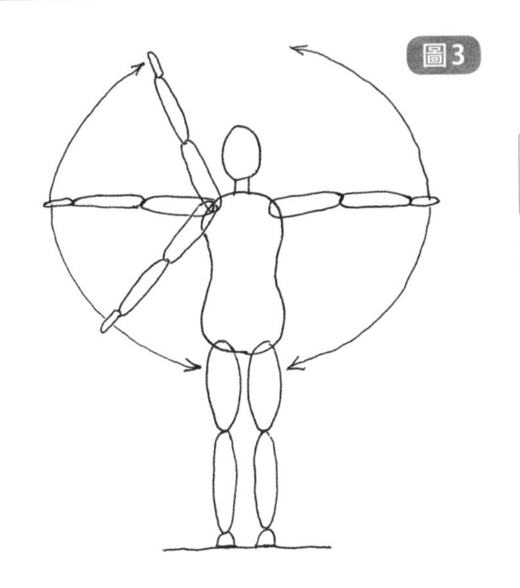

圖3

練習從側面畫全身

學會從正面畫人的全身後，可以練習畫類似 圖4 的側面全身。再來則是嘗試畫出手臂做出各種動作的樣子。

圖4

Part 8
05

如何正確畫「人」③ 快速畫出人的步驟解說

學會畫全身人像後，不妨練習另一項技巧，那就是快速地畫出一個人。以下會一步一步做說明。

快速畫出自然逼真的人

圖1 中畫人的方式是將各個部位組合起來，這樣雖然有助於理解人體的基本構造，但畫起來比較花時間，實際上在工作時不容易用簡單幾筆就迅速畫出來。

因此，下一個階段的目標就是畫出像 圖2 那樣的人，重點在於遵循人體的基本構造快速地畫出來。由於畫上了頭髮及衣服，看起來更為自然逼真，建議多加練習。

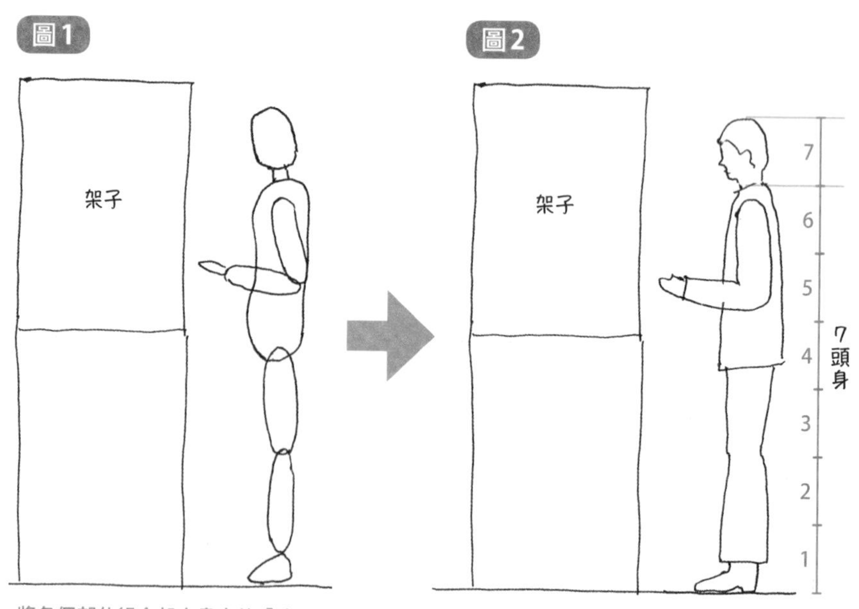

將各個部位組合起來畫出的「人」

用更快速的方式畫出來的「人」

快速畫出人的步驟解說

只要記住了人體的基本構造，就能不依靠其他輔助快速地畫出人，以下就是實際的範例。由於這不是一下子就能上手的技巧，請多加練習，從中掌握訣竅。

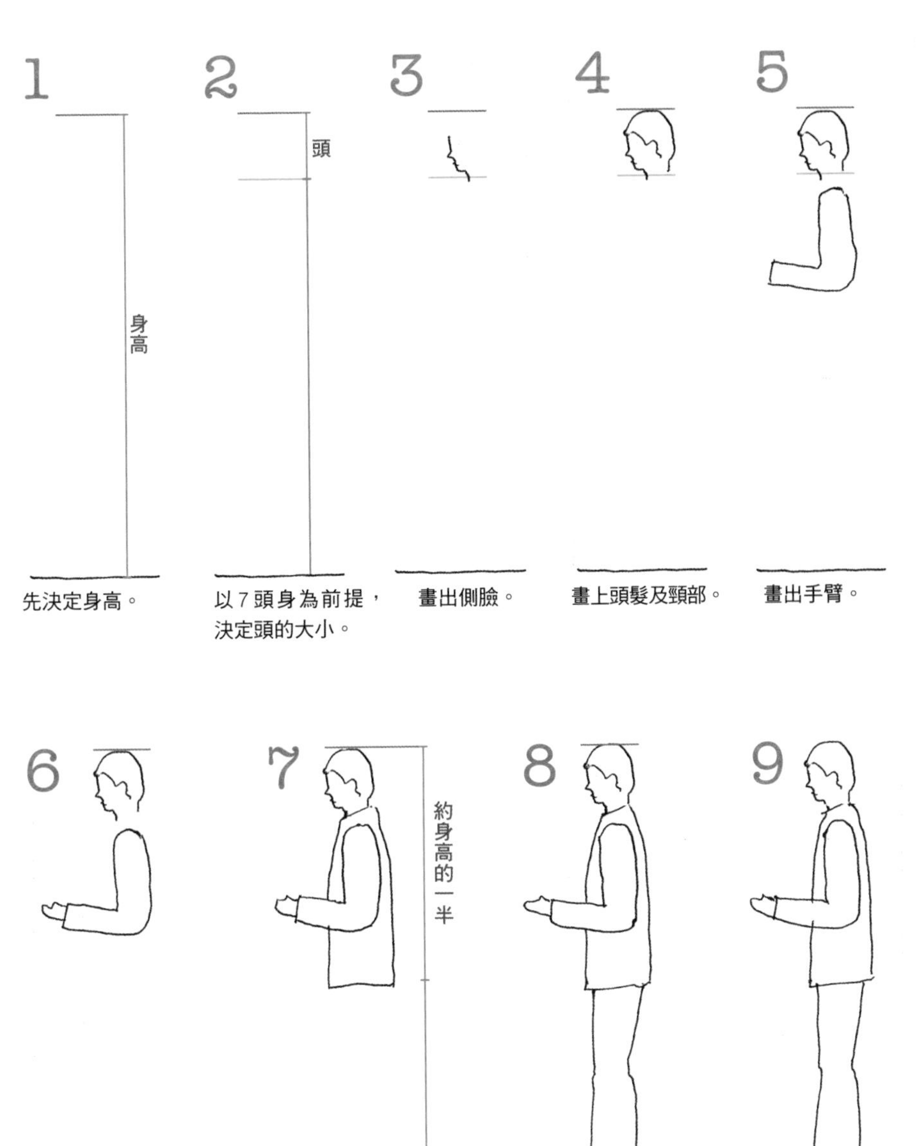

Column

進一步提升畫圖功力

一路練習到這裡，相信你已經具備一定程度的實力了。如果還想進一步提升自己的功力，持續練習是不二法門。而「自己的手」正是一個不論你身在何處，都能拿來練習的題材。因此不妨養成習慣，利用工作空檔之類短暫的閒暇時間練習畫自己的手。

練習畫手能讓你自然而然地學會各種畫圖時應該留意的重點，像是物體配置的比例、將不同曲線結合在一起的訣竅，以及懂得區分哪些線條該強調、哪些線條不用畫出來等。

或許剛開始你會覺得很難，無法隨心所欲畫出來，但還是要堅持下去，練習畫做出各種不同姿勢的手，假以時日你的實力將會突飛猛進。

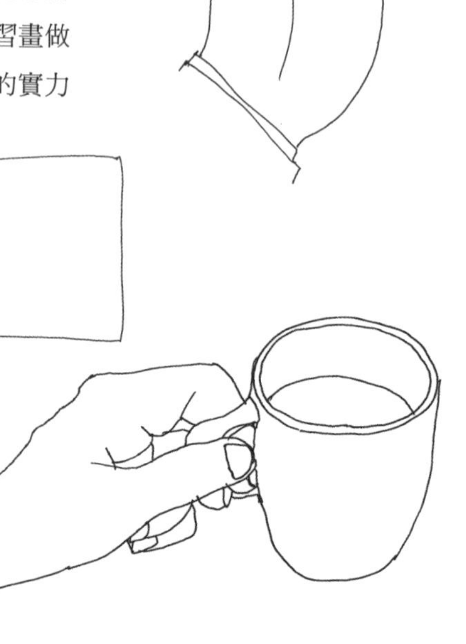

後記

不論是開會、討論或簡報等各種工作時遇到的狀況，與會者都會希望接收到的訊息是簡潔清晰、正確無誤的。除了透過口頭說明或文案傳達訊息，本書所介紹的「畫圖」也是非常好用的方法。畫出圖來能幫助在場的人確認概念及方向，並共享資訊，最終目標不外乎是讓眾人達成共識，做出決定。而畫圖在這個過程中扮演了重要的角色。

實際上在工作時如果想藉由畫圖向他人傳達訊息，最優先的一件事情是要畫得迅速，因此不用像素描或寫生那樣畫得唯妙唯肖，畫圖的時間建議設定在1分鐘。無法完全在圖中表現出來的細節，只要在畫圖的同時用口頭說明補充就好。

本書盡可能仔細地解說了如何畫出能在工作中派上用場的圖，希望你務必多加運用在本書學到的技巧，在工作時成功吸引目光，並提升個人能力。

新星出版社的執行董事富永雅弘先生，與編輯部的町田美津子小姐在企劃本書的期間給予了諸多鼓勵，對我而言是一大動力。另外也多虧Atelier Jam的負責人伊藤淳先生協助，讓我得以用淺顯易懂的方式說明如何畫出工作上所需要的「圖」，在此特別向他們致謝。

山田雅夫

PUREZENRYOKU WO GEKITEKINI TAKAMERU ILLUST NO KAKIKATA
Copyright © 2019 Masao Yamada
All rights reserved.
Originally published in Japan by SHINSEI Publishing Co. Ltd.,
Chinese (in traditional character only) translation rights arranged with
SHINSEI Publishing Co. Ltd., through CREEK & RIVER Co., Ltd.

讓報告能力躍進的簡筆畫練習

出　　版／楓葉社文化事業有限公司
地　　址／新北市板橋區信義路163巷3號10樓
郵政劃撥／19907596 楓書坊文化出版社
網　　址／www.maplebook.com.tw
電　　話／02-2957-6096
傳　　真／02-2957-6435
作　　者／山田雅夫
翻　　譯／甘為治
責任編輯／王綺
內文排版／謝政龍
校　　對／邱怡嘉
港澳經銷／泛華發行代理有限公司
定　　價／350元
初版日期／2021年8月

國家圖書館出版品預行編目資料

讓報告能力躍進的簡筆畫練習 / 山田雅夫作
; 甘為治翻譯. -- 初版. -- 新北市 : 楓葉社文
化事業有限公司, 2021.08　面 ;　公分

ISBN 978-986-370-312-9 (平裝)

1. 簡報 2. 圖表

494.6　　110009227